AF325308

DÉLIBÉRATIONS

DES

SOCIÉTÉS D'AGRICULTURE

ET

DES COMICES AGRICOLES

SUR

LA LEGISLATION DES CÉRÉALES

DÉLIBÉRATIONS

DES

SOCIÉTÉS D'AGRICULTURE

ET DES

COMICES AGRICOLES

SUR

LA LÉGISLATION DES CÉRÉALES

PARIS

IMPRIMERIE SIMON RAÇON ET COMPAGNIE

1, RUE D'ERFURTH

1859

DÉLIBÉRATIONS
DES SOCIÉTÉS D'AGRICULTURE
ET DES COMICES AGRICOLES

SUR LA LÉGISLATION DES CÉRÉALES

La présente publication contiendra par ordre de date ou de réception à Paris toutes les délibérations des Chambres consultatives d'agriculture, des Sociétés d'agriculture et des Comices agricoles de France, sur la question de la législation des céréales, sans distinction d'opinion et de système.

SOCIÉTÉ CENTRALE D'AGRICULTURE DE NANCY.

La Société centrale d'agriculture, considérant que l'avilissement du prix des céréales constitue l'agriculture dans un état de souffrance qui se trouve encore aggravé par le provisoire des dispositions législatives régissant la production des céréales, et par l'incertitude des mesures définitives qui leur seront appliquées ;

Considérant que ce doute prolongé a déjà fâcheusement pesé sur les emblavures de cette année, que l'on considère comme inférieures à celles des années antérieures ;

Considérant que la France pouvant produire dans les années normales les céréales nécessaires à son alimentation, il est politique de maintenir la loi qui favorise ou défend l'importation et l'exportation, suivant l'abondance ou la rareté des récoltes de chaque année ;

Considérant que les intérêts agricoles en France, étant les intérêts de tous, réclament une protection que la loi accorde à toute autre industrie et qu'elle a retirée à l'agriculture seule ;

Considérant que le système de l'échelle mobile a d'ailleurs fonctionné depuis longtemps au profit simultané du producteur et du consommateur ;

Considérant que la loi de 1852 porte en elle le principe de protection dont l'agriculture française a besoin ;

Considérant toutefois que les nouvelles voies de communication peuvent conseiller quelques modifications dans quelques-uns des détails de cette loi ;

Considérant qu'il est du devoir des Sociétés d'agriculture, qui sont les représentants naturels de la propriété, de faire connaître au gouvernement ses souffrances et ses besoins,

La Société centrale émet le vœu,

Que le commerce des céréales soit de nouveau régi par une loi fixe et permanente ;

Que cette loi soit celle de 1832, avec des modifications qui porteraient sur la fixation des prix limites et
sur celle des zones.

La présente délibération sera adressée à Son Excellence M. le Ministre de l'Agriculture, du Commerce et
des Travaux publics;

A Son Excellence M. le maréchal Canrobert;

A M. le Préfet du département;

A MM. les Députés au Corps législatif et à MM. les
Membres du Conseil général de la Meurthe;

Aux Comices agricoles de la région Nord-Est, comprenant les départements des Ardennes, de l'Aube, de
la Marne, de la Haute-Marne, de la Meuse, de la Moselle,
du Haut et du Bas-Rhin, des Vosges et de la Meurthe.

RAPPORT SUR LA DÉLIBÉRATION PRÉCÉDENTE.

La proposition qui a été faite à la Société centrale d'Agriculture, par un de ses membres, relativement au décret du
2 octobre, suspendant jusqu'au 30 septembre 1859 l'action
de l'échelle mobile, à l'entrée en France des blés étrangers,
a conduit la commission nommée à cet effet à l'examen de
deux questions qu'elle a résolues affirmativement.

La première, de savoir si le décret du 2 octobre 1858 a
favorisé la baisse des céréales;

La deuxième, de savoir si le rétablissement de l'échelle
mobile est, comme moyen de protection, nécessaire à l'existence et au progrès de l'agriculture française.

La Commission, à l'unanimité, a pensé que le décret du
2 octobre avait doublement pesé sur le prix des céréales : ma-

tériellement, en permettant la concurrence étrangère ; moralement, en enlevant au producteur l'espoir du retour à la loi et en perpétuant ses incertitudes sur la législation qui le régit.

Telle est la situation faite au commerce des céréales pour l'année que nous avons à traverser. L'échelle mobile est suspendue pour l'entrée des blés étrangers : ils arriveront librement, sans taxe, avec exonération des frais pour les bateaux qui les amèneront ; au contraire, l'échelle mobile conserve son action pour la sortie des mêmes matières alimentaires ; c'est-à-dire que leur exportation ne sera permise que jusqu'au moment où elles auront atteint les prix limites de chaque zone et donneront au producteur un bénéfice plus rémunérateur.

De la certitude de subir la concurrence étrangère et de l'incertitude de l'exportation, il est résulté que la culture a offert ses blés et que le commerce, trouvant peu d'éléments à ses transactions, a refusé d'acheter, ou ne l'a fait qu'à des prix très-réduits. L'offre de la part du producteur est d'autant plus soutenue, et la baisse, qui en est la conséquence naturelle, d'autant plus ferme, que cette année, il n'a d'autre récolte que celle des céréales : les fourrages, les menus grains, comme l'orge, l'avoine, lui ont fait défaut ; il ne peut nourrir qu'avec ses racines un bétail sans valeur et dont il a déjà diminué le nombre par des ventes ruineuses. Pour faire face à ses obligations, il n'a que son blé, et il faut qu'il en vende beaucoup pour réaliser peu d'argent.

Si la loi de 1832 avait été remise en vigueur purement et simplement, comme le Gouvernement en avait laissé concevoir l'espérance, puisque ce n'est que le 2 octobre qu'il a fait connaître sa résolution d'en suspendre de nouveau l'effet pour l'importation, les blés auraient repris un peu de faveur.

En effet, l'an dernier, comme cette année et à la même époque, deux faits identiques se produisent.

En septembre 1857, le prix de nos blés se relevait, lorsque

le décret sur la défense d'exporter le fit tomber de 26 à 24 francs l'hectolitre.

Cette année, la baisse qui, dans le mois d'août, avait été, en moyenne, pour la France entière, de 92 cent. par hectolitre, avait éprouvé un temps d'arrêt : elle n'avait plus été en septembre que de 25 cent.; mais en octobre le prix du blé tombe de 16,51 à 15,50, et il n'a cessé de fléchir jusqu'aujourd'hui.

Il ressort de ces deux faits la preuve suffisante que, si nos blés avaient été livrés à eux-mêmes, ils se fussent maintenus à des prix à peu près rémunérateurs pour le producteur.

Les importations, dont la quotité avait diminué dans le mois d'octobre, sous l'influence de la péremption du décret, ont repris un nouveau développement : elles ont augmenté de 100,000 hectolitres quand les exportations se sont réduites d'une quantité égale.

Quoique, pendant les dix premiers mois de cette année, les exportations aient dépassé les importations de 2,685,000 quintaux, néanmoins les deux millions introduits en France ont lourdement pesé sur presque tous les marchés. Ceux du Sud, alimentés par les blés étrangers, n'ont fait et ne pouvaient faire aucun emprunt aux contrées de l'Est, et celles-ci, abondamment approvisionnées, ont vu leurs expéditions restreintes à l'Allemagne et à l'Angleterre ; tandis que, si la barrière eût été fermée à Marseille, les prix se relevant, les expéditions eussent été possibles sur le Midi, et elles n'eussent pas cessé vers le Nord. La hausse se serait établie dans des conditions qui, sans être onéreuses pour le consommateur, eussent diminué la misère du producteur. Ce n'était pas trop de ce secours pour notre agriculture, qui est dans une situation notoirement déplorable. Et, quand une industrie aussi importante est réduite à livrer ses produits au-dessous des prix de revient, le malheur public est bientôt substitué au malheur individuel.

Aussi la sollicitude du Gouvernement se traduit-elle dans ce moment par différentes mesures.

Tel est le décret qui prescrit aux boulangers de 160 villes de porter leur réserve à 90 jours. Le but cherché est de venir en aide à la production ; mais, jusqu'à présent, cette mesure a produit peu d'effet, et l'on peut craindre que son influence ne soit nulle pour l'avenir.

C'est là une trop faible protection et trop éloignée de celle que la loi de 1832 assurait à l'agriculture française.

Le but de toute législation sur les grains est d'activer la production, de favoriser l'abondance et de maintenir des prix rationnels.

Cette législation doit nécessairement varier suivant les pays.

Ainsi, dans ceux où, comme en Russie et en Pologne, le grain est toujours à bon marché, soit à cause de la nature du sol, soit à cause du prix réduit de la rente et de la main-d'œuvre, dans ces pays d'où l'on exporte toujours, il est assez indifférent que la prohibition d'exportation soit écrite dans la loi, puisqu'elle existe de fait. Dans ceux où les éléments de production sont coûteux, où cette production est toujours inférieure à la consommation, la liberté d'importation est au contraire obligatoire. Mais dans ceux où, comme en France, l'entrée ou la sortie des denrées alimentaires peut varier suivant le résultat des récoltes, il fallait une loi qui favorisât l'exportation des blés indigènes et l'importation des blés étrangers, suivant l'abondance ou la rareté des céréales en France.

Sans doute, on n'arrivera pas toujours à niveler les prix de la manière la plus désirable ; on n'empêchera pas des variations qui sont la conséquence des récoltes de chaque année. Mais on en diminuera le fâcheux effet, et surtout on assurera à notre agriculture une protection qui lui est nécessaire, et qui, en favorisant ses progrès, profitera à la nation tout entière.

Les statistiques admettent généralement qu'en France il faut 15 à 18 fr. dans le Nord, et 20 à 22 fr. dans le Midi, suivant les départements, pour que le producteur soit suffisamment rémunéré, et à la condition encore que le blé se vendra souvent plus cher. Or à quel prix arrivent aujourd'hui même sur les marchés du Midi les blés d'Égypte ? A Alexandrie, le prix est de 12 fr. 50 cent. ; ajoutez-y le fret, les déchets, les avaries représentant la somme de 4 fr., l'hectolitre ne coûtera encore que 16 fr. 50 cent. rendu à Marseille : c'est-à-dire, un prix inférieur à la moyenne du prix de revient dans presque tous les départements français.

A quel prix peuvent arriver les blés de la Russie ? Savez-vous quelle est dans ce pays la journée de l'ouvrier ? 50 à 60 cent. — Savez-vous quelle est la quantité d'hectares compris entre les bouches du Danube et celles du Volga ? 80,000,000. — Savez-vous quel est l'assolement de ces contrées, si ce mot peut être employé ? Ce n'est qu'après 15 ou 20 ans qu'on revient au même endroit et sur un sol offrant un mètre de terre végétale, enrichi par le repos qu'il a pris et par les pâturages qui succèdent à la culture des céréales. En présence de toutes ces circonstances, il ne faut pas s'étonner que le prix de l'hectolitre ne dépasse pas 5 fr. Sans doute il faut transporter ces produits à d'immenses distances : mais ces transports s'effectuent dans des conditions d'économie que permettent seuls la frugalité et l'état d'esclavage du paysan russe. Ce transport ajouté au prix rémunérateur n'élèvera pas l'hectolitre à Odessa à plus de 9 à 10 fr. : c'est le prix donné par les documents officiels. Le fret est de 2, 3 fr., admettez-le de 4 fr., vous aurez donc encore les blés russes à Marseille à 12 ou à 14 fr.

La Russie, qui produit moyennement 450 millions d'hectolitres, a un disponible de 50 à 60 millions qu'elle livrera à des prix bien inférieurs à ceux qui viennent d'être indiqués, quand, dans trois ans, les chemins de fer, que construisent nos ingénieurs, amèneront ces blés de l'intérieur des terres aux ports de la Baltique et de la mer Noire, avec plus d'économie, de célérité et de régularité. Ce ne sera plus seulement à Marseille que ces produits viendront écraser les nôtres; mais, au moyen des voies ferrées qui sillonnent la France, ils rayonneront sur tous les marchés du Centre et du Nord.

L'agriculture française peut-elle soutenir une concurrence aussi inégale et aussi accablante que celle qui lui viendrait à la fois du Nord et du Midi de l'Europe?

Si l'agriculture française est obligée d'accepter ce prix de 12 fr., il faudra forcer la terre à descendre à un chiffre de rente en harmonie avec son rendement : si les 20 hectolitres que peut produire l'hectare sont vendus 12 fr. au lieu de 20, vous arrivez à une réduction de 2/5; avec cet abaissement du revenu, vous subirez celui du capital, qui est en rapport avec la rente d'une manière invincible.

Est-il possible de s'exposer, de se condamner à un avenir aussi désastreux? Est-il possible, dans ces conditions, de songer à des améliorations? et que deviennent tous les efforts tentés par les détenteurs du sol ; que deviennent toutes les mesures prises par le Gouvernement, toutes les lois qu'il a édictées sur les irrigations, le drainage, le crédit foncier? Elles deviendront une lettre morte, et l'agriculture, qu'elles devaient vivifier, mourra à son tour.

Sur cette question que nous étudions, l'exemple de l'Angleterre ne doit pas nous entraîner. L'Angleterre, du reste, n'a pas fait de son système de la liberté du commerce des grains l'épreuve la plus considérable. Fière de sa puissance maritime, forte de ses nombreux vaisseaux, au milieu d'une paix universelle, qui n'a été troublée qu'un moment et loin de son rivage, elle a pu parcourir les mers en toute liberté, et donner le pain à bon marché à ses habitants.

Mais, que les flottes de l'Amérique s'unissent à celles de la Russie ou de la France, promènera-t-elle son pavillon aussi hardiment sur tous les Océans? Et ces puissances laisseront-elles sortir de leur territoire les grains qu'elles lui expédient aujourd'hui? Alors ce pays verra le prix du pain doublé, triplé!... Il y a là un avenir qu'aucune nation prudente ne devrait braver.

L'Angleterre se trouve dans des conditions tout à fait différentes de celles qui sont faites à la France dans cette même question.

L'Angleterre, avec une population de 27 millions d'habitants, n'a qu'une superficie de 23 millions d'hectares propres à la culture; ce qui donne par habitant 85 ares; elle compte 8 millions d'ouvriers, qui forment à peu près le 1/3 de sa population totale; ce n'est qu'après de longs efforts pour maintenir l'équilibre entre la production et la consommation qu'elle a été forcée de reconnaître son impuissance à se nourrir avec les produits de son sol, et que son gouvernement a remplacé l'échelle mobile par un simple droit de balance.

La superficie de la France est de 43 millions d'hectares, pour une population de 36 millions d'habitants, ce qui fait 1 hectare 16 ares par tête; notre population ouvrière n'est que de 6 millions, ou le 1/6 de la population totale.

Suivant les calculs statistiques pris pour base, une très-bonne récolte en France peut donner un excédant de 3 à 4 mois, et une bonne récolte, un superflu de 2 à 3 mois, c'est-à-dire, 20 à 40 millions d'hectolitres.

Le prix des blés en Angleterre a toujours été plus élevé qu'en France.

Tandis qu'en Angleterre il est, de 1805 à 1808 à 43 fr. l'hectolitre, en 1815 à 32 fr., il monte à 54 fr. sous l'empire de la loi de 1828; il subit une forte réduction en 1846, époque du rappel sur la loi des céréales; il descend alors à 24 fr.: aujourd'hui il est coté à Londres à 19 fr.

En France, la moyenne est
          de 20 fr. 24 c., de 1796 à 1806;
          de 22   17   , de 1807 à 1813;
          de 21   17   , de 1814 à 1825;

En France, la moyenne est
de 17 fr. 9 c., de 1825 à 1836 ;
aujourd'hui elle est de 15 fr.

En Angleterre, où le sol est possédé et exploité par un nombre de propriétaires et de fermiers très-restreint par rapport à la population, puisque l'on ne compte que 285,937 fermes, dont moitié environ au-dessous de 40 hectares, le Gouvernement a pu, et, dans la circonstance où il se trouvait, il a dû rester sourd aux plaintes de ces puissants propriétaires, de ces fermiers enrichis par la loi des céréales, et, rappelant cette loi, il a pu diminuer leur bien-être, leur fortune : il ne les a pas ruinés.

Le rôle des contributions directes en France nous apprend qu'il y a 10 millions de cotes au-dessous de 50 fr.

Vous le voyez, en France, le paysan est propriétaire ; le peuple est le détenteur du sol, et il ne faut pas le regretter : c'est un des beaux côtés de notre civilisation, et une des principales causes de notre sécurité intérieure. Ainsi donc, la terre chez nous n'appartient pas seulement à quelques-uns, elle appartient à tous, et, comme l'a dit un grand orateur, grand homme d'État à la fois, « quand en France vous frappez la terre, vous frappez tout le monde. »

Si aujourd'hui l'agriculture anglaise est encore florissante, elle le doit aux plus énergiques efforts, au drainage, qu'elle a exécuté sur une vaste échelle, aux perfectionnements des machines agricoles ; elle est florissante parce que la répartition du sol se prête mieux aux améliorations qu'il réclame ; parce que la terre est entre les mains d'une riche bourgeoisie de fermiers, d'une aristocratie puissante et intelligente qui ne croit pas déroger en lui donnant ses soins ; elle est florissante enfin parce qu'elle a eu le temps de grandir à la faveur d'une longue protection dont le sacrifice a été une habile concession.

Tous ces moyens nous manquent à peu près en France, et, pour y suppléer, nous avons moins besoin d'une rivalité impossible et ruineuse que d'une protection qui, en nous tranquillisant, nous permettra des progrès qu'il ne faut attendre que successivement et lentement.

Le principe de cette protection est dans la loi de 1832.

Que les voies nouvelles de transport qui nivellent les prix conseillent quelques modifications dans ses détails, la Commission en admet l'opportunité; mais elle demande à la Société centrale de réclamer au Gouvernement le rétablissement de cette protection, sauvegarde des intérêts agricoles, qui sont ceux de la France presque tout entière et comme la cause véritable de la prospérité du pays.

COMICE AGRICOLE DE PROVINS.

La Société d'agriculture, Comice de Provins,

Après avoir entendu la communication d'un mémoire intitulé *De l'Échelle mobile — Mémoire adressé à M. le Président du Comice agricole de Provins,*

A PRIS LA DÉLIBÉRATION SUIVANTE :

Considérant que l'agriculture française, par suite de l'avilissement du prix des blés, est dans un état de souffrance sur lequel il importe d'appeler constamment l'attention de l'autorité;

Considérant que la prolongation de cet état pourrait devenir menaçante, même pour l'alimentation publique, par la restriction des quantités de terre ensemencée en blé, conséquence qui s'est déjà produite, puisqu'il résulte des explications échangées entre les principaux cultivateurs de l'arrondissement, dans la présente séance, que la quantité de terre emblavée en blé serait, cette année, inférieure d'un dixième et peut-ête d'un sixième à celle de l'année dernière;

Considérant que l'agriculture est la première des industries françaises, l'industrie presque universelle, et que cependant elle reste seule aujourd'hui sans protection, lorsque toutes les autres industries en reçoivent;

Considérant que ce régime, déjà désastreux par lui-même, se trouve encore aggravé par le caractère provisoire et temporaire de tous les actes qui ont régi le commerce des céréales depuis six ans; des décrets annuels, et d'ailleurs toujours révocables, ne donnant ni au commerce ni aux cultivateurs la sécurité nécessaire pour asseoir sur des bases suffisamment sûres leurs opérations respectives;

Considérant que le système de l'échelle mobile, qui a d'ailleurs pour lui une expérience de quarante années, paraît être celui de tous qui garantit le mieux, en leur donnant une légitime satisfaction, les deux grands intérêts qui sont en présence dans cette question, la prospérité de l'agriculture et la sécurité de l'alimentation publique;

Le Comice émet le vœu que le commerce des céréales soit de nouveau régi par une législation stable et permanente;

Que cette législation soit réglée par un double principe : 1° liberté de l'exportation pour assurer les dé-

bouchés; 2° perception à l'importation d'un droit protecteur, variable selon le cours du blé, en admettant
d'ailleurs dans la réglementation pratique de l'échelle
mobile tous les perfectionnements de détail indiqués par
l'expérience, particulièrement en ce qui concerne l'établissement des classes.

La présente délibération sera adressée à M. le Ministre de l'Agriculture, du Commerce et des Travaux
publics, à M. le Préfet, à MM. les Députés et Membres
du Conseil général du département de Seine-et-Marne.

EXTRAIT

DU MÉMOIRE ADRESSÉ PAR M. LE COMTE DE TRAMECOURT

AU COMICE AGRICOLE DE PROVINS

ET VISÉ DANS LA DÉLIBÉRATION PRÉCÉDENTE.

Monsieur le Président,

Il m'a semblé que la position faite à la culture par le prix
peu élevé des céréales était de nature à appeler votre attention, votre sollicitude et celle des membres du Comice agricole de l'arrondissement de Provins.

En effet, les frais ordinaires de la culture d'un
hectare de blé sont en moyenne de[1]   90   »
Loyer moyen   75   »

A reporter.   165   »

---

[1] C'est le prix exigé par la culture, dans nos localités, de ceux qui n'ont
point de chevaux; il représente ici et les frais ordinaires de la ferme et ceux
spéciaux à un hectare de blé. J'ai suivi cette marche pour éviter les détails.

Report. . . . . 165 »

Semence au cours de l'année dernière[1] . . . . 65 »

Frais de moisson, d'épurage et de transport au marché[2]. 88 »

Impôts de toute nature. . . . . 10 »

328 »

Le produit ordinaire d'un hectare dans le même arrondissement ne dépassera certainement pas cette année 21 hectolitres au prix moyen de 15 fr., soit. . . . . 315 »

Déficit. . . . . . . 15 »

La perte éprouvée par la culture sera donc de 15 fr., non compris les frais de fumure et d'engrais, qui varient suivant les localités, mais qui ne peuvent pas être évalués en moyenne à moins de[3] 126 fr. pour deux ans, ce qui donne pour chaque année . . . . 65 »

La perte totale par chaque hectare sera donc de 76 »

Avant d'entrer dans le détail des observations que cette situation m'a suggérées, je crois utile de faire connaître deux documents importants : l'un a trait au chiffre des importations et exportations annuelles, l'autre à la production.

Dans l'ouvrage de M. Maurice Block[4], je lis qu'il résulte

---

[1] On ensemence habituellement, dans nos contrées, à raison de 2 hectolitres et demi l'hectare.

[2] Ces frais se décomposent ainsi :

Coupe du blé.	36 fr.
Rentrée à la grange.	15
Battage.	24
Épurage.	3
Conduite au marché.	10
Total.	88 fr.

[3] Fumier, 18 voitures à 3 chevaux, au prix de 7 fr. ... 126 fr.
ou 350 kilogr. guano à 36 fr. les 100 kilog. ... 126

[4] *Charges de l'agriculture en Europe.*

des tableaux décennaux publiés par l'administration des douanes que la moyenne de l'importation du commerce spécial des froments a été depuis 1827 jusqu'en 1836 de 1,022,857 hectolitres, l'exportation de 46,816 hectolitres, et, depuis 1837 jusqu'en 1846, la moyenne de l'importation de 1,439,989 hectolitres, l'exportation de 222,002 hectolitres ; qu'au contraire la farine a suivi une marche inverse, que les exportations ont été dans la première période indiquée de 94,842 quintaux, les importations de 32,229 quintaux ; dans la seconde, les exportations de 154,550 quintaux, les importations de 15,061 quintaux.

Ainsi, depuis 1827 jusqu'en 1846, il n'était entré annuellement en moyenne dans la consommation de la France, de provenance étrangère, que 1.097,014 hectolitres, et encore ce chiffre se trouvait en réalité bien amoindri par l'excédant des exportations des farines.

D'après le même recueil, la production du blé, qui était en 1815, après de longues guerres, de 59,460,971 hectolitres, s'était successivement accrue ; elle était en 1829, par exemple, de 64,285,521 hectolitres, et, en 1847, de 97,611,140 hectolitres[1].

Je suis obligé d'interrompre ici le cours de ces curieuses investigations, faute de documents certains, car les tableaux de M. Maurice Block ne dépassent pas l'année 1848.

Mais, si on prend en considération et les défrichements

Années.	Hectolitres.	Années.	Hectolitres.	Années.	Hectolitres.
1815	59 460 971	1827	56 785 944	1839	69 558 062
1816	43 516 694	1828	58 823 512	1840	80 880 441
1817	47 984 044	1829	64 285 521	1841	71 463 685
1818	52 977 927	1830	52 782 008	1842	71 314 220
1819	59 841 150	1831	56 429 694	1843	73 650 509
1820	44 517 720	1832	80 089 016	1844	82 452 845
1821	58 219 268	1833	66 073 141	1845	71 963 280
1822	50 856 707	1834	61 981 226	1846	60 696 968
1823	58 676 862	1835	71 697 484	1847	97 611 140
1824	61 788 972	1836	65 583 727	1848	87 994 435
1825	61 035 177	1837	67 915 554		
1826	59 654 917	1838	67 743 571	Maurice Block.	

opérés, et les terres autrefois incultes actuellement exploitées, et les progrès incessants de la culture, on arrivera à cette conclusion que ce mouvement progressif a dû continuer et même s'accroître.

Toutefois, aux époques sur lesquelles M. Block nous a laissé ces précieux documents, quelles furent les causes de cette heureuse position, qui consistait d'un côté à ne recourir que dans une bien faible proportion à l'importation étrangère ; de l'autre, à voir augmenter incessamment la production ? Faut-il attribuer ces heureux résultats aux avantages d'une longue paix ou à la sagesse de la loi ?

Suivant moi, à l'un et à l'autre de ces deux bienfaits, car si, d'une part, le cultivateur trouvait la sécurité et les ouvriers nécessaires à l'exploitation de sa ferme, de l'autre, il avait pour lui une loi fixe, invariable, que nul ne songeait à modifier ; il pouvait établir ses calculs et ses projets sur des données certaines et marcher d'un pas ferme dans la route qu'il s'était tracée ; mais aujourd'hui qu'il est lancé sans boussole et sans guide dans une voie nouvelle, il hésite, il doute et on ne sait encore à quel parti il s'arrêtera.

A mes yeux, il appartient au Gouvernement seul de résoudre cette question, et les mesures qu'il adoptera auront, en raison même des circonstances, beaucoup d'importance et de gravité.

S'il se décide à donner une nouvelle consécration au libre échange (car pour éviter les détails je ne me préoccupe même pas de la mesure restrictive qui peut encore venir frapper l'exportation) ; si, dis-je, le libre échange est maintenu, n'est-il pas évident, pour tous, qu'en présence de l'encombrement général occasionné par les nombreuses importations des années précédentes, par l'excédant de la récolte de 1857 et par l'abondance de celle de 1858, on ne peut attendre pour le présent une amélioration dans les prix, mais plutôt une dépréciation ? quant à l'avenir, on nous dit : La récolte ne sera pas toujours abondante dans les autres pays, alors les blés auront une meilleure tenue, un cours plus élevé ; d'accord ; mais n'est-il pas présumable que si la récolte à l'étranger a été mauvaise, celle de la France aura subi approximativement le même sort, et, dans ce cas, les arrivages, venant faire concurrence à un produit déjà restreint, pèseront sur les cours, arrêteront la hausse, si bien que le prix du blé, quoique plus élevé, ne sera pas rémunérateur ; l'importation étant la cause donnée, ne doit-elle pas produire relativement les mêmes résultats ? et si, pressé par la logique des faits, le cultivateur raisonne ainsi, et qu'il arrive à cette conviction profonde qu'il ne peut continuer sur une grande échelle la culture du blé sans une chance probable de perte, ne prendra-t-il pas le parti d'en réduire l'ensemencement jusqu'à ce qu'il ait atteint un niveau qui soit en rapport avec l'importation et lui laisse l'espoir de ne pas être accablé par elle ?

Ces tendances se sont produites en 1857 ; elles ont reçu leur application en 1858 ; elles devront prendre de l'extension en 1859 sous l'impression des conseils de toute la presse agricole et de ceux donnés avec tant d'autorité par M. Thénard[1].

Je vais plus loin ; je suppose qu'après une, deux ou trois années de souffrances et d'épreuves, ces tendances se soient généralisées, que la culture du froment ait été réduite de moitié ou au moins d'un tiers ; dans ce cas, comment supporter une guerre, un manque général de récolte ? Et la conséquence d'une de ces éventualités ne serait-elle pas la disette ou au moins des prix très-élevés qui pèsent d'une façon si lourde et si malheureuse sur l'ouvrier des villes, sur le petit rentier, sur l'employé aux faibles appointements ? Ainsi l'excessif bon marché aurait amené, comme conséquence ordinaire, l'excessive cherté.

---

[1] Discours prononcé par M. Thénard au comice de Fontaine-Française.

L'espérance fondée d'un prix rémunérateur sera donc toujours une garantie nécessaire à la culture, une garantie de sécurité pour l'alimentation.

J'arrive naturellement à parler de l'échelle mobile qui a eu pour but de garantir ces grands intérêts.

Cette loi, dont l'origine remonte au 2 décembre 1814, qui a été constituée d'une manière définitive le 16 juillet 1819, revisée le 16 juin 1820, le 4 juillet 1821 et enfin le 15 avril 1832, n'a pas subi de changement qui en ait notablement altéré la portée et l'esprit; la principale modification, introduite en 1832, date de sa dernière révision, consiste à remplacer la prohibition, qui était prévue dans certains cas, par un droit plus élevé qui atteint le même but. Les législateurs de cette époque ont pensé que cette dernière combinaison était de nature à porter moins d'entraves aux opérations commerciales; cette loi est donc ancienne, puisqu'elle remonte en réalité à près de quarante ans; elle a été éprouvée, expérimentée; elle a fonctionné longtemps sans qu'elle ait été l'objet d'aucune réclamation sérieuse; enfin elle a satisfait tous les intérêts par son heureuse combinaison des droits à l'importation et à l'exportation, et aujourd'hui qu'elle est encore la loi, son application est réclamée de toutes parts par la culture comme sa seule planche de salut. En raison même de la consécration qu'elle a reçue du temps, cette loi a été attaquée en dernier lieu par quelques esprits ardents et inquiets, qui pensent que toute innovation est un progrès, tout changement une amélioration.

Il m'a semblé que rappeler ici, d'après les calculs de M. Block, que pendant vingt ans, sous l'empire de l'échelle mobile, les blés étrangers n'étaient entrés annuellement dans la consommation que pour une moyenne d'un million d'hectolitres environ, que la production s'était toujours accrue et qu'elle avait atteint en 1847 le chiffre énorme de plus de 97 millions d'hectolitres, donner enfin le cours moyen du blé en France depuis 1815 jusqu'en 1850, cours qui a été, par hectolitre, de 19 fr. 94 c.[1], et depuis 1820 jusqu'en 1853 de 19 fr. 05 c.; c'était avoir suffisamment démontré le mérite et l'excellence de la loi. Elle a été suspendue par des décrets successifs depuis le 5 août 1853 jusqu'au 50 septembre 1859.

Je ne veux pas fatiguer votre attention, monsieur le Président, par le détail de longues explications sur le mécanisme de l'échelle mobile, le tableau indicateur[2] des droits à l'importation et à l'exportation, que je joins à ce rapide aperçu, en rendra, j'en suis certain, l'intelligence plus facile que tous les commentaires.

Les suspensions successives de cette loi ont eu lieu par des décrets qui, statuant d'année en année, ont créé une situation de doute et d'incertitude dont les résultats sont funestes; le moment est venu où une législation définitive est considérée comme indispensable. Toutes les opinions sont d'accord sur ce point, aussi bien ceux qui prétendent que l'échelle mobile n'est pas exempte de nombreuses imperfections que ceux qui, comme moi, la réclament. C'est donc aussi pour chacun le moment de dire toute sa pensée : pour moi, je réclame l'échelle mobile parce qu'elle est la loi, parce qu'elle n'est pas une combinaison nouvelle à mettre à l'essai, parce

[1] Prix moyen du froment pour toute la France ;

Années.	fr.	c.	Années.	fr.	c.	Années.	fr.	c.
1815	19	53	1829	22	59	1843	20	46
1816	28	51	1830	22	59	1844	19	75
1817	36	16	1831	22	40	1845	19	75
1818	24	65	1832	21	85	1846	24	05
1819	18	42	1833	16	62	1847	29	01
1820	19	15	1834	15	25	1848	16	65
1821	17	79	1835	15	25	1849	15	37
1822	15	49	1836	17	52	1850	14	32
1823	17	52	1837	18	53	MAURICE BLOCK.		
1824	16	22	1838	19	51			
1825	15	74	1839	22	14	1851	14	42
1826	15	85	1840	21	84	1852	18	25
1827	18	21	1841	18	54	1853	25	40
1828	22	05	1842	19	53			

[2] Voir ci-contre.

ÉCHELLE MOBILE.

Chaque classe désignée dans ce tableau est formée par les départements suivants :

1re classe : Algérie, Aude, Bouches-du-Rhône, Corse, Gard, Hérault, Pyrénées-Orientales, Var.

2e classe : Ariége, Ain, Alpes (Hautes-), Alpes (Basses-), Doubs, Garonne (Haute-), Gironde, Isère, Jura, Landes, Pyrénées (Hautes-), Pyrénées (Basses-).

3e classe : Calvados, Charente-Inférieure, Eure, Loire-Inférieure, Nord, Pas-de-Calais, Rhin (Haut-), Rhin (Bas-), Seine-Inférieure, Somme, Vendée.

4e classe : Aisne, Ardennes, Côtes-du-Nord, Finistère, Ille-et-Vilaine, Meuse, Moselle, Manche, Morbihan.

TABLEAU DES DROITS D'IMPORTATION ET D'EXPORTATION DES GRAINS ET FARINES, *suivant la loi de l'échelle mobile du 15 avril 1852.*

PRIX MOYENS RÉGULATEURS DU FROMENT.				BLÉS.		FARINE.		SEIGLE.		MAÏS.		SARRASIN.		AVOINE.	
1re classe.	2e classe.	3e classe.	4e classe.	Entrée	Sortie.	Entrée	Sortie.	Entrée	Sortie.	Entrée	Sortie.	Entrée	Sortie.	Entrée	Sortie.
26 à 25 01	24 à 23 01	22 à 21 01	20 à 19 01	1 25	2 »	3 50	4 »	» 75	1 20	» 68	1 10	» 50	» 80	» 45	» 70
25 24 01	23 22 01	21 20 01	19 18 01	2 25	» 25	6 50	» 50	1 35	» 15	1 23	» 13	» 90	» 10	» 78	» 08
24 23 01	22 21 01	20 19 01	18 17 01	3 25	» 25	9 50	» 50	1 95	» 15	1 78	» 13	1 50	» 10	1 15	» 08
23 22 01	21 20 01	19 18 01	17 16 01	4 75	» 25	14 »	» 50	2 85	» 15	2 61	» 13	1 90	» 10	1 66	» 08
22 21 01	20 19 01	18 17 01	16 15 01	6 25	» 25	18 50	» 50	3 75	» 15	3 45	» 13	2 50	» 10	2 18	» 08
21 20 01	19 18 01	17 16 01	15 14 01	7 75	» 25	25 »	» 50	4 65	» 15	4 26	» 13	3 10	» 10	2 71	» 08
20 19 01	18 17 01	16 15 01	14 13 01	9 25	» 25	27 50	» 50	5 55	» 15	5 08	» 13	3 70	» 10	3 25	» 08
19 18 01	17 16 01	15 14 01	13 12 01	10 75	» 25	32 »	» 50	6 45	» 15	5 91	» 13	4 30	» 10	3 76	» 08
18 17 01	16 15 01	14 13 01	12 11 01	12 25	» 25	36 50	» 50	7 35	» 15	6 75	» 13	4 90	» 10	4 28	» 08
17 16 01	15 14 01	13 12 01	11 10 01	13 75	» 25	41 »	» 50	8 25	» 15	7 58	» 13	5 50	» 10	4 81	» 08

A tous les droits perçus par hectolitre pour les grains, et par 100 kilog. pour les farines, il faut ajouter le décime.

Au-dessus des limites supérieures du tableau des prix régulateurs publié ci-dessus, savoir :

1re classe,	26 »	3e classe,	22 »
2e classe,	24 »	4e classe,	20 »

les droits de sortie augmentent par chaque franc de hausse, comme suit :

Froment, 2 » par hectol.; sa farine. 4 » par 100 kilog.

Seigle, 1 20 — — 2 60 —
Maïs, 1 10 — — 2 40 —
Orge, 1 » — — 2 40 —
Sarrasin, » 80 — — 2 » —
Avoine, » 70 — — 2 20 —

Au-dessous des limites inférieures de ce même tableau, c'est-à-dire :

1re classe,	16 01	3e classe,	12 01
2e classe,	14 01	4e classe,	10 01

les droits d'entrée augmentent par chaque franc de baisse, savoir :

Froment, 1 60 par hectol.; sa farine, 4 50 par 100 kilog.

Seigle, » 70 — — 2 92 ¼ —
Maïs, » 82 ½ — — 2 70 —
Orge, » 75 — — 2 70 —
Sarrasin, » 60 — — 2 25 —
Avoine, » 52 ¼ — — 2 47 ½ —

qu'elle nous a donné, depuis 1819 jusqu'en 1853, une ère
de prospérité dont le souvenir ne peut pas être perdu, et que
toute autre mesure transitoire, temporaire ou même définitive, aurait l'inconvénient de nous jeter dans l'inconnu de
tentatives et d'expériences qui sont trop souvent des aven-
tures et des mécomptes.

Je dois le dire, parce que c'est ma profonde conviction,
rien n'est plus funeste à la culture que les changements et les
revirements fréquents, que l'instabilité et les modifications
brusques dans les règlements et les lois. Nul ne marche d'un
pas ferme dans le doute et l'anxiété, et la route est peu suivie
quand elle est périlleuse; si bien que ceux qui avaient résolu
de fonder une entreprise se ravisent, resserrent leurs capitaux qu'ils vont porter ailleurs, craignant qu'une disposition
inattendue ne vienne compromettre leur nouvelle création;
tandis qu'au contraire, ceux qui se trouvent à la tête d'une
exploitation évitent les dépenses les plus utiles, repoussent
comme une mauvaise pensée toute idée d'amélioration, re-
grettant amèrement de s'être lancés dans une voie dont l'is-
sue leur est inconnue, et, ces causes venant se joindre à d'autres causes découragent les uns, amènent la désertion des
autres, éloignent les capitaux des campagnes et nuisent plus
à l'agriculture que le manque absolu de récoltes. Je ne désire
donc pas, je ne demande pas, je crois même qu'il serait
très-imprudent et très-inopportun de demander un changement ou une modification quelconque à l'échelle mobile; mais
si cette modification devait avoir lieu, ou bien si une loi devait intervenir, j'exprimerais le vœu qu'elle fût constituée
d'une façon fixe, stable et permanente.

SOCIÉTÉ D'AGRICULTURE DU CHER.

EXTRAIT DU PROCÈS-VERBAL

DE LA SÉANCE DU 4 DÉCEMBRE 1858 DE LA SOCIÉTÉ D'AGRICULTURE DU CHER.

La Société d'Agriculture du Cher,

Considérant la position dans laquelle se trouvent les agriculteurs par suite du bas prix des céréales, lesquelles sont présentement au-dessous du prix de revient, ainsi que cela a été constaté par les enquêtes faites au sein de la Société d'Agriculture de ce département et par celles qui ont été faites par plusieurs autres Sociétés agricoles de France ;

Considérant que, si ces sociétés ont mission d'agir dans l'intérêt de la propriété rurale et dans celui des populations qui, par leurs travaux et leurs sueurs, pourvoient aux besoins alimentaires de la France, il est de leur devoir, dans les circonstances actuelles, d'adresser au gouvernement de respectueuses observations sur la situation pénible dans laquelle se trouvent les cultivateurs et sur les dangers qui peuvent surgir de cet état de choses :

Qu'entre autres inconvénients à signaler, il convient de citer :

1° La certitude que les ensemencements deviendront inférieurs à ceux des années ordinaires, si la vilité du prix des céréales se prolonge, ce qui, dans le cas d'une mauvaise année, suffirait pour donner lieu à une disette;

2° L'impossibilité dans laquelle sont les laboureurs et même les propriétaires de faire travailler les ouvriers, s'ils ne retirent pas de la culture de leurs terres un prix rémunérateur de leurs avances et de leurs travaux;

3° Le danger qui peut résulter, dans l'intérêt de l'ordre public, de l'absence du travail pour la classe ouvrière;

4° Enfin, le dépeuplement des campagnes au profit des villes, chose dont on se plaint dans presque toutes les parties de la France, et qui deviendra générale, si ceux qui cultivent la terre ne trouvent plus aux champs que déception et misère.

Par ces motifs, la Société d'Agriculture du Cher supplie M. le Ministre de l'Agriculture de vouloir bien mettre sous les yeux du gouvernement le vœu qu'elle exprime que l'exportation du froment soit exempte de droits, lorsque le prix moyen régulateur ne dépasse pas 20 fr. l'hectolitre, prix que la Société d'Agriculture du Cher considère comme indispensable à la prospérité de l'agriculture.

CHAMBRE CONSULTATIVE D'AGRICULTURE

DE L'ARRONDISSEMENT DE BOURGES, SESSION DE 1858.

DELIBERATION.

Un membre fait observer qu'au nombre des causes qui ont agi le plus puissamment pour faire tomber les céréales à un prix qui est bien loin d'être justifié et compensé par l'abondance de la récolte, il faut mettre en première ligne l'instabilité de la législation sur les céréales, sur les conditions de leur entrée et de leur sortie ; il pense que l'absence de toute loi régulière, fixe, invariable sur ce point, arrête toute spéculation, empêche toute réserve, et réduit le commerce des céréales à la stricte acquisition de la quantité nécessaire à la consommation journalière.

Il pense qu'une loi bien méditée, bien appropriée à l'état cultural de la France et aux besoins de la population industrielle et agricole, peut prévoir tous les cas et parer à toutes les éventualités que l'instabilité des saisons peut amener, et éviter au pays les mesures temporaires qui, quelque sages qu'elles puissent être, n'en sont pas moins une cause d'inquiétude et de ralentissement dans les grandes transactions commerciales qui, pour prendre tout leur essor, ont besoin d'une fixité parfaite dans la base sur laquelle elles reposent.

Il propose donc à la Chambre d'émettre le vœu que le commerce des céréales soit désormais régi par une loi définitive, fixe, invariable, qui aura prévu tous les cas que pourrait présenter la production nationale, toutes les fluctuations des cours sur les marchés de France.

Ce vœu est adopté par la Chambre.

Le président de la Société d'Agriculture du Cher,

De Bengy-Puyvallée.

COMICE AGRICOLE DE VOUZIERS

(ARDENNES).

Le Comice agricole de Vouziers supplie Son Excellence le Ministre de l'Agriculture de prendre en considération les vœux exprimés dans la délibération qui suit :

Le Comice,

Attendu que des renseignements qui viennent d'être exposés, il résulte que les froments de la mer Noire et de l'Égypte arrivent à Marseille à des prix inférieurs aux nôtres;

Attendu que le cours actuel du froment est au-dessous des frais de production ;

Attendu qu'il est démontré de la manière la plus

évidente que la France ne peut produire les céréales au même prix que les pays d'outre-mer; que la liberté de commerce avec ces pays serait la ruine de l'agriculture en France, et un grave danger en prévision d'une mauvaise récolte,

Demande qu'une loi soit présentée dans la plus prochaine session, revisant la législation des céréales, avec droit protecteur à l'importation aux frontières du littoral, droit fixe par classe, et mobile par chaque franc de baisse révélé par les mercuriales officielles;

Et sollicite la création d'un corps permanent et salarié de statistique agricole, tout en conservant les commissions cantonales actuelles;

Et sera, la présente délibération, adressée dans le plus court délai à Son Excellence M. le Ministre de l'Agriculture.

Le Président,
Baron de Landre.

Les Secrétaires,
Signé : De Boullenois, Clerc (Eugène).

COMICE AGRICOLE D'ÉPOISSES.

VOTE SUR LA LOI DE L'ÉCHELLE MOBILE.

Considérant que l'agriculture française, par suite de l'avilissement du prix des blés, est dans un état de souffrance sur lequel il importe d'appeler constamment l'attention de l'autorité ;

Considérant que la prolongation de cet état pourrait devenir menaçante, même pour l'alimentation publique, par la restriction des quantités de terres ensemencées en blé ; conséquence qui s'est déjà produite, ainsi qu'il résulte des explications échangées entre les cultivateurs présents à la séance ;

Considérant que l'agriculture est la première des industries françaises, l'industrie presque universelle, et que cependant elle reste seule aujourd'hui sans protection, lorsque toutes les autres industries françaises en reçoivent ;

Considérant que ce régime, déjà désastreux par lui-même, se trouve encore aggravé par le caractère provisoire et temporaire de tous les actes qui ont régi le commerce des céréales depuis six ans ; des décrets annuels, et d'ailleurs toujours révocables, ne donnant ni au commerce ni aux cultivateurs la sécurité nécessaire pour asseoir sur des bases suffisamment sûres leurs opérations respectives ;

Considérant que le système de l'échelle mobile, qui a d'ailleurs pour lui une expérience de quarante années, paraît être celui de tous qui garantit le mieux, en leur donnant une légitime satisfaction, les deux grands intérêts qui sont en présence dans cette question, la prospérité de l'agriculture et la sécurité de l'alimentation publique ;

Le Comice émet le vœu *que le commerce des céréales soit de nouveau régi par une législation stable et permanente ;*

Que cette législation soit réglée par un double principe : 1° liberté de l'exportation pour assurer les débouchés ; 2° perception à l'importation d'un droit protecteur, variable selon le cours du blé, en admettant d'ailleurs dans la réglementation pratique de l'échelle mobile tous les perfectionnements de détail indiqués par l'expérience, particulièrement en ce qui concerne l'établissement des classes,

Le président du Comice,
comte DE COMMINGES ET DE GUITAUT.

COMICES AGRICOLES DE LA HAUTE-MARNE.

PÉTITION COLLECTIVE

ADRESSÉE A SON EXCELLENCE M. LE MINISTRE DE L'AGRICULTURE.

Monsieur le Ministre,

Les soussignés, présidents de divers Comices de la Haute-Marne, vivement préoccupés de la détresse toujours croissante des cultivateurs, croient de leur devoir de soumettre à Votre Excellence leurs trop légitimes doléances.

Depuis plusieurs années, les classes agricoles ont été réduites aux conditions les plus misérables.

Le prix de revient des blés, qui, dans ce département,

s'élève de douze à quinze francs, est supérieur au prix de vente.

La cherté de la main-d'œuvre, les charges de l'impôt direct, enfin la baisse excessive du prix des grains, ont fait à l'agriculture une telle situation, que le découragement s'est emparé des familles vouées de tout temps à ces pénibles travaux. Le mal est arrivé à ce point que les propriétaires des domaines ruraux ne trouvent plus de fermiers, que les cultivateurs abandonnent les champs pour les grandes villes, et que ceux qui sont condamnés, par position, à rester dans nos villages, cherchent tous les moyens de diminuer l'étendue de leurs terres à semer en blé.

Les soussignés estiment qu'il est urgent de faire connaître les dangers de cette situation au gouvernement qui en sera, ils n'en doutent pas, profondément ému.

Enfin, les soussignés se rallient énergiquement à tous ceux qui demandent :

1° Que l'agriculture soit réellement et efficacement protégée ;

2° Que son ancienne législation douanière lui soit rendue, et que l'échelle mobile, remaniée, s'il le faut, soit rétablie le plus tôt possible.

Ils ont l'honneur d'être, etc.

(Suivent les signatures.)

Pour copie conforme :
Eugène Yvert.

COMICE AGRICOLE DE L'ARRONDISSEMENT DE CHINON.

DÉLIBÉRATION.

L'Assemblée, à l'unanimité, après avoir entendu la communication d'un mémoire intitulé : *l'Échelle mobile*, — mémoire adressé, fin novembre dernier, à M. le Président du Comice agricole de Provins (Seine-et-Marne), a adhéré complétement à la délibération prise par cette société, délibération ainsi conçue :

Considérant que l'agriculture française, par suite de l'avilissement du prix des blés, est dans un état de souffrance sur lequel il importe d'appeler constamment l'attention de l'autorité ;

Considérant que la prolongation de cet état pourrait devenir menaçante, même pour l'alimentation publique, par la restriction des quantités de terre ensemencée en blé, conséquence qui s'est déjà produite, puisqu'il résulte des explications échangées entre les principaux cultivateurs de l'arrondissement dans la présente séance, que la quantité de terre emblavée en blé serait, cette année, inférieure d'un dixième et peut-être d'un sixième à celle de l'année dernière ;

Considérant que l'agriculture est la première des industries françaises, l'industrie presque universelle, et que cependant elle reste seule aujourd'hui sans protection, lorsque toutes les autres industries en reçoivent :

Considérant que ce régime, déjà désastreux par lui-même, se trouve encore aggravé par le caractère provisoire et temporaire de tous les actes qui ont régi le commerce des céréales depuis six ans ; des décrets annuels, et d'ailleurs toujours révocables, ne donnant ni au commerce ni aux cultivateurs la sécurité nécessaire pour asseoir sur des bases suffisamment sûres leurs opérations respectives :

Considérant que le système de l'échelle mobile, qui a d'ailleurs pour lui une expérience de quarante années, paraît être celui de tous qui garantit le mieux, en leur donnant une légitime satisfaction, les deux grands intérêts qui sont en présence dans cette question, la prospérité de l'agriculture et la sécurité de l'alimentation publique ;

Le Comice émet le vœu que le commerce des céréales soit de nouveau régi par une législation stable et permanente ;

Que cette législation soit réglée par un double principe : 1° liberté de l'exportation pour assurer les débouchés ; 2° perception à l'importation d'un droit protecteur, variable selon le cours du blé, en admettant d'ailleurs dans la réglementation pratique de l'échelle mobile tous les perfectionnements de détail indiqués par l'expérience, particulièrement en ce qui concerne l'établissement des classes.

Pour extrait du procès-verbal de la séance du 30 décembre dernier.

Paul Huet,
Secrétaire du Comice.

CONGRÈS AGRICOLE DE LA HAUTE-SAONE.

DÉLIBÉRATION.

Le Congrès agricole de la Haute-Saône, composé de tous les Comices réunis du département, adopte à l'unanimité, moins une voix, les conclusions suivantes :

« 1° Qu'une protection est indispensable à l'agriculture nationale relativement à l'importation des grains étrangers ;

« 2° Que cette protection doit être à la fois mobile comme l'intérêt qu'elle est appelée à couvrir, et stable comme les besoins auxquels elle doit pourvoir, défendant autant qu'il est possible le consommateur contre l'exagération des prix, et le producteur contre leur avilissement ;

« 3° Que la loi du 15 avril 1832, excellente dans son principe, doit être revisée relativement aux classes, aux tarifs et aux frontières, eu égard aux progrès de l'agriculture et aux modifications survenues par l'établissement des voies ferrées.

« Marquis D'ANDELARRE. »

RAPPORT SUR LA DÉLIBÉRATION QUI PRÉCÈDE.

« Le Congrès doit-il demander le maintien, la suppression ou la modification de la loi de l'échelle mobile? »

En inscrivant à son programme la question que nous venons de rappeler, votre commission permanente ne pouvait vous en soumettre une plus digne de votre examen, plus grave et plus opportune.

Cette question, en effet, est l'objet des préoccupations de l'agriculture; le gouvernement ordonne des enquêtes et publie des circulaires qui témoignent de l'émotion qu'elle lui inspire; la presse tout entière apprécie à divers point de vue les mesures prises par le gouvernement au moment où la loi de l'échelle mobile allait reprendre son jeu naturel, et ses organes les plus accrédités assurent que la législation va être saisie de cette question à la session prochaine[1].

C'est que tout ce qui touche au commerce des céréales, qui ne s'élève pas à moins de deux milliards, n'a pas cessé d'occuper les méditations de l'homme d'État comme de l'agriculteur, depuis que le rapporteur de la loi du 15 avril 1832 disait à la Chambre : « Aucune loi ne peut embrasser d'aussi

---

[1] Le sens des mesures prises par le gouvernement, au moment où l'alimentation du pays était assurée et les prix avilis, échapperait entièrement, s'il en était autrement. C'est ce dont on peut se convaincre en faisant les rapprochements compris dans le tableau suivant :

Date du décret.	TABLEAUX RÉGULATEURS			DROIT FIXÉ	
	Date du tableau.		Prix de la 1re classe.	par la loi du 15 avril 1832.	par le décret.
18 août 1853.	31 juillet 1853.		22.88	4.75	0.25
1er octobre 1853.	30 septembre 1853.		25.87	1.25	0.25
24 juin 1854.	24 juin 1854.		29.58	0.25	0.25
11 octobre 1854.	1er octobre 1854.		24.76	2.25	0.25
2 juin 1855.	24 juin 1855.		26.97	1.25	0.25
8 septembre 1855.	22 août 1855.		28.26	0.25	0.25
7 octobre 1856.	29 septembre 1856.		32.35	0.25	0.25
22 septembre 1857.	29 septembre 1857.		20.34	7.75	0.25
30 septembre 1858.	28 septembre 1858.		17.07	12.25	0.25

grands intérêts matériels, aucune n'est plus intimement liée au maintien de l'ordre public, de la paix intérieure et de la propriété nationale [1]. »

L'intérêt du consommateur est-il en réalité si opposé à celui du producteur, qu'il ne soit pas possible de prendre des mesures dans l'intérêt de l'un sans porter préjudice aux intérêts de l'autre?

Votre Commission ne saurait le penser. Elle ne peut admettre que le consommateur ait intérêt à l'avilissement des prix, pas plus qu'elle n'admet que le producteur ait intérêt à leur exagération, convaincue qu'ils s'entraînent fatalement l'un et l'autre.

C'est donc à assurer d'abord et avant tout l'alimentation du pays, à prévenir ensuite, autant qu'il est lui[2], soit l'avilissement, soit l'exagération des prix, à faire prospérer enfin l'agriculture, qui seule peut assurer l'alimentation par ses développements et le bon marché par ses progrès, que doivent tendre les efforts du législateur.

Est-ce par la liberté complète du commerce des céréales ou par la protection que l'on doit arriver à ce triple but?

De quelle protection est susceptible le commerce des céréales, s'il doit lui en être accordée une? Les droits protecteurs doivent-ils être fixes ou mobiles? édictés par la loi ou par de simples décrets?

La loi du 15 avril 1832, qui régit actuellement le commerce des blés, si elle doit être conservée dans son principe, doit-elle être modifiée, soit dans ses tarifs, soit dans la répartition de la France en quatre classes, soit dans la distinction entre les frontières de terre et le littoral?

Telles sont les trois questions que votre Commission a eu

[1] M. Charles Dupin.
[2] « Se charger de tenir les grains à bon marché, lorsqu'une mauvaise récolte les a rendus rares, c'est promettre au peuple une chose impossible et se rendre responsable à ses yeux d'un insuccès inévitable. » (Turgot, Rapport au roi, en tête de l'arrêté du conseil du 13 septembre 1774.)

à examiner pour résoudre celle qui lui était soumise, et sur lesquelles elle m'a chargé de vous présenter ses conclusions.

I

Si, comme en Russie, en Égypte et dans l'Amérique du Nord, la production du blé doit toujours être au-dessus des besoins du pays; si, comme dans ces contrées, le prix de cette denrée ne subissait que des variations qui donnent plus ou moins de profit à l'agriculture, mais qui ne l'empêchent jamais d'être rémunérateur ; si la moyenne des prix n'était pas exposée à être influencée d'une manière grave par les produits des diverses contrées qui se trouvent dans des conditions économiques différentes relativement aux produits manufacturés, à la valeur de la terre et au prix de la main-d'œuvre ;

Si, en prenant la thèse contraire, la production des denrées alimentaires était, comme en Suisse et dans les Trois-Royaumes, toujours au-dessous des besoins du pays ;

Si, comme en Suisse et en Hollande, pays de commissionnaires, le producteur national se trouvait à la fois en présence d'un déficit constant et de lois économiques qui font du commerce seul, et non de l'industrie nationale, la richesse du pays,

Nul doute que, dans ces diverses conditions du producteur excessif ou du producteur condamné à l'insuffisance, la liberté commerciale ne doive être proclamée pour ce qui touche au commerce des grains.

La France est-elle dans la condition du producteur excessif ou dans celle du producteur condamné à une insuffisance irrémédiable?

Ni dans l'une ni dans l'autre.

Pas plus en agriculture qu'en industrie la France n'est arrivée à une production qui demande à tout prix l'expansion ; pas plus en agriculture qu'en industrie elle ne vit immobile et stationnaire[1].

Sous ce premier rapport et à un point de vue général, votre Commission a considéré que la production française est encore incomplète, mais qu'elle a fait d'énormes progrès qui en font présager d'autres, et qu'elle a droit à la protection, comme toute industrie qui a fait preuve de vitalité et qui n'en a pas moins encore des progrès à faire pour entrer en lutte avec les industries rivales.

A un point de vue plus spécial et en tenant compte des faits économiques du pays, votre Commission a reconnu qu'en présence de la protection qui couvre les matières premières dont le producteur agricole a besoin, le fer, le bois, les vêtements ; en présence du haut prix des terres, qui fait la richesse de la nation ; en présence du haut prix de la main-d'œuvre, qui fait le bien-être de l'ouvrier, le producteur français ne peut lutter avec les pays qui n'ont aucun droit protecteur pour leur industrie manufacturière, où la terre est sans valeur et la main-d'œuvre sans prix.

Si, dans un travail aussi abrégé que celui que nous sommes appelé à vous présenter, il nous eût été donné de mettre sous vos yeux le tableau du prix moyen du blé au port d'Odessa et au port de Marseille depuis 1820, époque de la mise en pratique sérieuse de la loi de l'échelle mobile, jusqu'en 1855, époque depuis laquelle cette loi ne fonctionne plus, vous seriez étonnés de la différence de ces prix, et vous concluriez, comme nous, que la concurrence n'est pas possible.

A défaut d'un travail spécial, nous vous présenterons le résumé du relevé comparatif fait par M. Charles Dupin, rap-

---

[1] Nous n'en voudrions d'autre preuve que ce double fait relaté par M. Maurice Block dans un ouvrage intitulé *Charges de l'agriculture en Europe*, que l'importation des céréales a excédé l'exportation, en tenant compte de l'excédant de l'exportation des farines sur l'importation, de 1817 à 1846, d'environ 1,000,000 d'hectolitres par année, et que la production du blé en France, qui était en 1815 de 39,000,000 d'hectolitres, en 1829 de 64,000,000, s'est élevée en 1847 à 97.000,000.

porteur de la loi de 1832, et qui présente le tableau du prix des grains au port d'Odessa et au port de Marseille de janvier 1821 à décembre 1831.

Le prix de l'hectolitre de blé a varié au port d'Odessa de 4 fr. 14 c. à 12 fr. 30 c. pendant ces onze années, et il a été en moyenne de 8 fr. 10 c. Si on ajoute à ce dernier chiffre 5 fr. 50 c. pour frais de transport, droits d'embarquement et frais d'assurance, on arrive à une moyenne de 13 fr. 60 c. rendu au port de Marseille.

Pendant la même période, le prix de l'hectolitre de blé a varié à Marseille de 19 fr. 89 c. à 27 fr. 39 c., et il a été en moyenne de 23 fr. 55 c.

L'écart entre le blé d'Odessa rendu au port de Marseille et celui du marché de Marseille a donc été en moyenne, pendant les onze années qui nous occupent, de 9 fr. 95 c.

Ajoutons à ce document un fait qui est à la connaissance d'un grand nombre de membres du Congrès, c'est que la ville de Vesoul, ayant fait acheter des blés d'Odessa pendant la disette de 1847, a obtenu ces blés au port de Marseille à un prix inférieur de 11 fr. par hectolitre au prix coté sur le marché de Vesoul.

En présence de pareils faits, nous le répétons, la lutte est impossible.

Si, ne tenant aucun compte de ces faits, on proclame la liberté du commerce des grains, voyons-en les conséquences.

La liberté du commerce des grains, c'est l'abandon de la spéculation, bien plus par la crainte d'importations considérables et soudaines que par l'importance des importations.

L'abandon de la spéculation, c'est l'avilissement des prix : nous en avons eu une preuve frappante en 1848, alors que le blé, qui était, le 20 février, à 19 fr. l'hectolitre à Vesoul, est tombé, le 20 mars, à 15 fr. sous l'influence de l'abandon de la spéculation.

L'avilissement des prix, c'est l'abandon d'une partie de la culture des blés, car, comme le disait Turgot, en 1774, dans son rapport au roi : « Le laboureur qui ne retrouverait pas le dédommagement de ses peines et de ses frais ne pourrait continuer un métier ruineux, et n'aurait de ressources que de semer moins de grains, en diminuant sa culture d'année en année[1]. »

L'abandon de la culture du blé en France, c'est l'anéantissement de l'agriculture, dont le blé est la base pour la nourriture de l'homme et la création du fumier ; c'est la disette à jour fixe.

Ou bien, comme on ne peut vouloir de ces conséquences et qu'en définitive l'agriculture nourrit le pays de ses deux mamelles,

La liberté du commerce des grains, c'est l'abandon définitif et complet des droits protecteurs sur toute espèce d'industrie ;

C'est l'abaissement des baux et de la valeur de la terre,

C'est la diminution de la main-d'œuvre.

Et, comme vous ne voulez vous associer à aucune de ces ruines, vous voterez en principe la protection de l'agriculture, qui témoigne de sa vitalité en produisant en 1858 100,000,000 d'hectolitres de blé, quand elle n'en produisait que 59,000,000 en 1815, et vous la voterez avec les utopistes eux-mêmes, qui, après avoir répété les arguments que faisait valoir M. Duvergier de Hauranne en 1832 contre la loi des céréales, la voteront comme lui, en disant comme lui : « Nous avons à améliorer une législation existante, et non à créer une législation nouvelle. »

II

La nécessité de la protection invinciblement établie à ses yeux, votre Commission s'est demandé de quelle nature de

---

[1] Voir le discours de M. le baron Thénard, qui a éclaté comme un coup de foudre. (*Journal d'Agriculture pratique*, t. II de 1858, p. 225.)

droits doit être frappée l'importation des céréales étrangères, et s'il convient de remettre au gouvernement seul le règlement par décret des droits protecteurs des céréales.

Serait-ce un droit fixe, payable toujours, quel que fût le prix du blé, comme le proposent aujourd'hui les adversaires de l'échelle mobile, et comme le proposait déjà et dans les mêmes termes, en 1832, M. Duvergier de Hauranne ?

Votre Commission a pensé qu'en présence des variations que présente le prix du blé et qu'il présentera toujours, quoi qu'on fasse, un droit fixe sera trop faible dans les moments de l'avilissement des prix, et trop fort dans les moments de cherté.

Elle a pensé qu'une question aussi complexe, qui embrasse des intérêts à la fois si divers et si délicats, qui exige, dans l'intérêt de l'alimentation du pays et de la sécurité publique, une législation stable et connue d'avance, ne peut être réglementée par de simples décrets, qui laisseraient peser sur le gouvernement une responsabilité terrible.

Elle a pensé dès lors que la législation protectrice du commerce des céréales devait être à la fois stable dans son principe et mobile dans sa réglementation.

Elle a pensé enfin que, dans la condition essentiellement mobile où se présente le commerce des blés, le droit protecteur devrait être également mobile, et elle a conclu au maintien du principe de la loi du 15 avril 1832.

III

Appelée enfin par votre programme à se prononcer sur les modifications dont la loi du 15 avril 1832 pourrait être susceptible, votre Commission a pensé :

Qu'en remplaçant la prohibition par un tarif gradué sur le cours des céréales de manière à rendre le droit insensible quand la cherté dépasse une certaine limite, et à l'aggraver dans l'hypothèse d'une baisse nuisible au producteur ;

Qu'en donnant par cette combinaison au commerce des grains plus de sécurité et plus de moralité, et à l'agriculture nationale une garantie contre les brusques secousses que lui impriment des importations irrégulières et soudaines,

Cette loi est à la fois excellente dans son principe et un incontestable progrès sur toutes les législations qui l'ont précédée ; mais que la marche du temps, les progrès de l'agriculture, et, par-dessus tout, les modifications qui se sont produites relativement aux transports par l'établissement des chemins de fer, en nécessitent la révision en ce qui touche les classes, les tarifs, et la distinction entre les frontières des terres et le littoral.

SOCIÉTÉ D'AGRICULTURE DE MONTBRISON.

DÉLIBÉRATION.

La Société d'agriculture, prenant en considération la proposition faite par son président ; après avoir entendu plusieurs de ses membres, et déterminée par les motifs qui viennent de lui être présentés , lesquels seront insérés dans la présente délibération, émet, à l'unanimité, le vœu que les charges qui grèvent directement l'agriculture soient allégées, que les droits existant sur les voies de communication appartenant à l'État, telles que canaux et rivières, soient supprimés ;

Que les tarifs qui interdisent à l'agriculture, en le lui rendant trop cher, l'emploi des machines, des engrais, des amendements et de toutes les matières premières servant à l'exploitation qu'elle tirerait de l'étranger, soient abaissés ;

Que des rabais plus considérables sur le prix des transports à l'intérieur soient demandés et obtenus par l'État des compagnies auxquelles il fait la concession de voies ferrées ;

Qu'une protection suffisante, sagement calculée, et dont les conséquences pourront toujours être prévues, environne l'agriculture, jusqu'à ce que, par l'effet des mesures demandées, elle soit placée dans des conditions tellement favorables, qu'elle puisse, par l'abondance de ses produits obtenus à bon marché, ne redouter aucune concurrence et ne s'effrayer d'aucune baisse de prix.

M. le Préfet sera prié de transmettre le présent vœu à M. le Ministre de l'agriculture, du commerce et des travaux publics.

Le Président,
Du Chevalard.

RAPPORT SUR LA DÉLIBÉRATION QUI PRÉCÈDE.

Messieurs,

Le vœu émis par la Société d'agriculture de Provins, dont je viens de vous donner communication, m'a paru devoir fixer votre attention d'une manière particulière. Il exprime de justes craintes sur l'avenir de l'agriculture, que nous devons partager, parce qu'il signale un état de malaise que nous ressentons également. Je sais qu'il ne convient pas à une réunion telle que la nôtre de se rendre légèrement l'écho de ces plaintes générales, que des causes souvent passagères

suscitent et qui reposent sur des faits mal observés, ou extrê-
mement restreints dans leurs conséquences. Mais, quand c'est
un mal dont chacun de nous peut apprécier la portée, quand
nous avons à parler de nos propres souffrances, n'est-il pas
naturel que nous les fassions connaître au gouvernement,
que tant de bonne volonté anime, que tant de lumières environnent, et que nous contribuions à l'éclairer sur la situation
du pays, dont la prospérité n'est réelle que si elle s'étend au
plus grand nombre de ses habitants. Eh bien, nous ne craignons pas de le dire, la classe la plus nombreuse de la société, celle qui en forme les cinq sixièmes, celle dont les bras
sont consacrés à la culture de la terre, est en souffrance.

Est-ce donc que les encouragements et l'appui du gouvernement lui ont fait défaut? loin de là; qu'elle n'a point
participé au mouvement progressif de notre époque? elle a
fait les plus grands efforts pour s'y associer; que les intem-
péries des saisons lui ont été fatales? on ne parle que de l'a-
bondance et de la richesse de ses produits. Mais que font à
l'agriculture ces apparences prospères, si en réalité elle couvre
à peine ses frais, si souvent même elle reste en dessous, soit
parce qu'elle est dans l'impossibilité de produire économiquement, soit parce que l'abaissement exagéré du prix des denrées
qu'elle produit, ne le rendant pas rémunérateur, amène
nécessairement la gêne et souvent la ruine du cultivateur?
N'est-ce pas là sa situation actuelle? Sans nous livrer à des
recherches statistiques ou à des calculs non contestés,
n'est-il pas avéré que, grâce à l'incertitude où il se trouve
sur les résultats de son travail, sa profession, la plus nécessaire à la société, est aussi la plus périlleuse et la plus incertaine? D'une part, il subit l'élévation des salaires et de la
main-d'œuvre lorsqu'elle est causée soit par l'activité des
entreprises industrielles, soit par la hausse momentanée
dans les prix des denrées alimentaires, hausse qu'on s'em-
presse d'arrêter par tous les moyens; de l'autre, il ne voit pas
décroître ces mêmes salaires dans la proportion de l'abaisse-

ment de ses revenus ; en sorte qu'il a contre lui toutes les chances défavorables.

Ce qui se passe aujourd'hui en offre une double preuve. Par des causes dont la recherche ne serait pas ici à sa place et qu'il ne serait peut-être pas facile de déterminer d'une manière exacte, les deux principales productions de l'agriculture, les céréales et les bestiaux, ne lui rendent pas ce qu'ils lui coûtent. C'est un fait constant et avéré.

A qui une pareille anomalie profite-t-elle ? A-t-on réalisé cette formule magique de la *vie à bon marché* qui préoccupe tous les esprits ? Non, sans doute, car tant que cette vie à bon marché ne sera pas due à une production à bon marché, elle est anomale et par conséquent éphémère et trompeuse. Elle est un mal et non pas un bien.

Le consommateur ne peut compter sur sa durée ; elle n'est au contraire que le présage infaillible de la cherté, puisque le producteur, au détriment duquel elle est obtenue, se verra forcé de diminuer ses dépenses, de restreindre ou de négliger les cultures sur lesquelles il est en perte ; seul il n'aura pas joui de ce prétendu avantage : manger son pain à bon marché, car pour lui il vaut ce qu'il lui coûte.

Un pareil état de choses n'a pas échappé à la sollicitude du gouvernement : les fréquentes mesures qu'il a prises pour établir un juste équilibre et garantir tous les intérêts attestent qu'il cherche à résoudre le problème ; mais nous sentons qu'il n'est pas résolu. Cependant que d'efforts sont faits pour y parvenir ! Les administrations municipales des grands centres de population, elles qui ne croient avoir à s'occuper que d'un seul terme de ce problème : la vie à bon marché, s'émeuvent à la pensée que la viande se vend aux consommateurs avec un bénéfice trop considérable pour les bouchers : elles constatent par là que les bestiaux sur pied sont à vil prix, et toutes les mesures qu'elles prennent ne peuvent avoir pour résultat que de maintenir ce vil prix, en forçant les bouchers à livrer la viande à un prix correspondant, en jtant sur leur profession une inquiétude qui les empêche d'offrir au producteur la juste rémunération de son produit ; elles vont jusqu'à créer elles-mêmes la concurrence, ou à soumettre le commerce de la boucherie à des règlements dont le but avoué est de la faire naître par des avantages accordés aux uns et refusés aux autres. Qui souffre de ces débats? Le cultivateur seul, sur lequel retombe de tout son poids la dépréciation dont le consommateur et l'intermédiaire se disputent le bénéfice.

En ce qui concerne les céréales, une législation existait depuis longtemps ; elle n'avait certainement pas concilié tous les suffrages, mais enfin elle servait de régulateur, et sa durée même était une compensation à ses inconvénients. Le gouvernement n'a pas cru qu'elle fût suffisante, et, sans condamner précisément son principe, il a eu successivement recours, pour prévenir la hausse, à diverses mesures auxquelles il n'accordait qu'une durée limitée ; rendons-lui justice : aussitôt qu'il s'est aperçu qu'il avait atteint son but, en prévenant une hausse exagérée, peut-être même qu'il l'avait dépassé, il s'est empressé d'atténuer l'effet de ses premières mesures par quelques palliatifs ; mais, moins heureux dans cette dernière tentative, il n'a pas relevé les cours, qui sont au-dessous du prix de revient ; des changements aussi réitérés dans la législation, de semblables nouveautés de la part des administrations municipales, ne doivent-ils pas faire penser que nous ne sommes point dans la voie d'une saine économie politique ; car, s'il est des échanges qui doivent être à l'abri de ces brusques oscillations qui les dénaturent en les rendant en quelque sorte aléatoires, ce sont certainement ceux qui ont pour objet les denrées de première nécessité. Ce qui sert à la subsistance de l'homme doit peu varier, parce que cela n'est pas soumis à son caprice, et c'est là que l'équilibre entre le prix de revient et celui de vente doit être constant, sous peine des plus graves perturbations amenées par l'affaiblissement forcé de la production elle-même. N'est-il pas évident que, si l'on veut obtenir la vie à bon marché d'une manière constante et rendre accessible à tous ce qui satisfait les besoins de tous, il faut placer et la production agricole et la production industrielle dans des conditions telles, qu'elles puissent répondre à ce qu'on exige d'elles : tout livrer à bas prix?

Il faut en convenir, la chose n'est pas facile et le mouvement progressif de la civilisation semble rendre la question plus complexe. Comment allier la fixité avec la progression de plus en plus accélérée de la société? Aussi, nous dit-on, c'est à l'agriculture française d'étudier la position qui lui est faite : comme toutes choses, elle doit se plier aux exigences de l'époque. Il est impossible qu'elle ne se ressente pas des transformations opérées par la découverte et l'application des nouveaux modes de communication qui étendent et multiplient les rapports entre tous les peuples; doit-elle agir de même que lorsqu'elle n'avait à pourvoir qu'à des besoins limités par des barrières réputées infranchissables? Aujourd'hui elle a pour marché le monde entier, dont les produits peuvent entrer en concurrence avec les siens; qu'elle ne produise donc que ce qu'elle peut livrer avec avantage pour elle; si ce ne sont pas des céréales, que ce soit autre chose.

Ce conseil, qui semble résoudre la difficulté, ne fait que la déplacer, et, s'il était suivi, il substituerait au mal que nous déplorons un mal plus grand encore. S'imagine-t-on qu'il soit facile de changer la majorité des cultures d'un pays? Mais une pareille substitution de récolte peut laisser pendant plusieurs années le sol improductif, car elles seront employées à des essais, à des tâtonnements. Les masses s'effrayeront bientôt de voir devenir rare cette plante alimentaire qu'elles considèrent comme le symbole de la vie; elles veulent que ce soit la terre qu'elles foulent qui la produise; vainement la science aura-t-elle découvert dans d'autres substances plus de matières nutritives; c'est du pain qu'il faut à l'homme, c'est du pain, et non pas la nourriture de chaque jour que Dieu a prescrit de lui demander; et ce pain, l'homme s'inquiète si la crainte d'en manquer peut l'atteindre, s'il ne voit pas germer et mûrir auprès de lui le grain dont il sera pétri. Cette culture a quelque chose de sacré, elle ne saurait trop être mise à l'abri des vicissitudes qui peuvent la compromettre. Ne le sera-t-elle pas, si à des époques plus ou moins rapprochées, mais toujours trop fréquentes, elle devenait improductive pour ceux qui s'y livrent? Les capitaux, qui devraient la vivifier, ne s'en éloigneront-ils pas de plus en plus? C'est, en effet, ce que nous voyons; c'est ce que tout le monde déplore en se demandant quel est le remède à apporter à un aussi grand mal. Malgré les tendances agricoles qui se manifestent sous l'influence du gouvernement, tendances dont on doit reconnaître les bons effets et qui permettent d'espérer, peut-on y voir un réveil, un retour aux mœurs d'un peuple vraiment agriculteur? Est-ce au service de l'agriculture qu'est principalement consacrée la puissance des capitaux du pays? Constitue-t-elle une profession, une carrière que l'homme aisé, instruit, embrasse de préférence à beaucoup d'autres, parce qu'il serait sûr d'y trouver une rémunération suffisante de l'emploi de son temps, de son argent et de sa capacité? non sans doute. Au lieu de cela que voyons-nous? Des millions d'hommes qui arrosent la terre de leurs sueurs, sans la féconder, et un nombre à peine perceptible qui la cultivent. Que l'agriculture soit placée dans des conditions capables de la rendre productive, et les avantages qu'elle procurera modifieront, sous ce rapport, nos mœurs d'une manière plus prompte et plus efficace que ne sauraient le faire les encouragements et les incitations officiels. Ce qui détermine le courant des capitaux, c'est l'intérêt; c'est l'intérêt qui fait prévaloir chez nous l'esprit de spéculation; qu'il se trouve aussi dans l'agriculture, et elle en attirera à elle une grande partie. Mais une erreur désolante a prévalu : il est reçu de dire que l'agriculture n'enrichit personne, et cependant partout où on lui consacre un capital d'exploitation suffisant, l'intérêt de ce capital rivalise avec celui obtenu dans tout autre genre de spéculation. Il en serait certainement de même en France si les facilités de la production agricole étaient augmentées.

A Dieu ne plaise que nous invoquions une protection exagérée qui, après tout, ne ferait que constater notre infériorité sans y remédier. Loin des cultivateurs cet égoïsme étroit qui leur ferait considérer le prix élevé de leurs denrées comme un bien ; nous pensons au contraire que ce serait une calamité générale, car nous voyons un signe de richesse et de prospérité publiques dans l'abondance et le bon marché dus à une culture perfectionnée; mais que les conditions dans lesquelles elle est placée rendent économique, et un signe de misère dans une cherté dont la pénurie ou un prix trop élevé de revient sont la cause.

Ce sont ces bonnes conditions de production que nous réclamons pour l'agriculture.

Que pour elles soient allégées les charges qui la grèvent directement ; que les droits existant sur les voies de communication appartenant à l'Etat, telles que canaux et rivières, soient supprimés ; que les tarifs qui lui interdisent l'emploi des machines, des engrais et des amendements qu'elle tirerait de l'étranger soient abaissés ; que des concessions plus larges sur les prix des transports à l'intérieur soient demandées et obtenues par l'Etat des compagnies auxquelles il accorde l'exploitation des voies ferrées ; qu'enfin une protection sagement graduée, mais n'ayant rien d'imprévu, environne notre agriculture jusqu'à ce que, par l'effet des mesures qui viennent d'être indiquées, elle soit placée dans des conditions tellement favorables, qu'elle puisse, par l'abondance de ses produits, obtenus à bon marché, ne redouter aucune concurrence et ne s'effrayer d'aucune baisse de prix.

C'est dans ce sens, messieurs, et d'après ces considérations, que j'ai l'honneur de vous proposer de formuler un vœu qui serait transmis à M. le Ministre de l'agriculture.

SOCIÉTÉ D'AGRICULTURE DE ROSOY.

EXTRAIT DU PROCÉS-VERBAL
DE LA SÉANCE DU 20 JANVIER 1859.

La Société d'agriculture de Rosoy, inquiète de la position critique où se trouve l'agriculture par suite des variations et de l'abaissement actuel du prix du blé ;

Considérant que ce prix est au-dessous du prix de revient ; qu'il en résulte des pertes considérables pour les cultivateurs, et que, si cet état de choses se prolongeait, la prospérité et l'alimentation publiques se trouveraient gravement compromises ;

Considérant que la richesse agricole fait la prospérité générale du pays, et qu'il importe au plus haut point de mettre l'agriculture à l'abri de perturbations semblables à celles qu'elle éprouve en ce moment ;

Considérant que le meilleur moyen pour y parvenir serait une législation stable sur les céréales, semblable à celle qui régit les autres produits du sol et de l'industrie, de telle sorte qu'à l'avenir l'agriculture ne fût plus livrée à ces incertitudes fatales au commerce et à la production ;

Considérant que le rétablissement de l'*échelle mobile* s'opposerait à ce libre mouvement du commerce, condition indispensable pour assurer sa prospérité agricole à l'égal des autres industries ;

Appelle la bienveillante sollicitude du gouvernement sur le premier des intérêts du pays, et, comme moyens,

l'honneur de proposer :

1° La libre exportation des céréales avec suppression de tout droit à la sortie ;

2° Un droit fixe remplaçant l'échelle mobile, et suffisamment protecteur à l'importation ;

3° L'affranchissement de tous droits d'entrée sur les engrais agricoles ;

4° Une diminution sensible des droits d'entrée sur les instruments servant à l'agriculture.

Comte DE COURCY.

OCIETÉ D'AGRICULTURE ET COMICE DE MEAUX.

SÉANCES DES 27 NOVEMBRE, 24 DÉCEMBRE 1858 ET 29 JANVIER 1859.

La Société d'agriculture, comice de l'arrondissement de Meaux, après avoir entendu le rapport de M. Victor Modeste, au nom de la commission saisie de la *Question de la libre entrée et de la libre sortie des céréales*, rapport dont elle adopte, mais en partie seulement, les conclusions, a pris la délibération suivante :

Considérant que des décrets d'octobre dernier, en

4

prorogeant à nouveau, au 30 septembre 1859, la suspension de l'*échelle mobile*, n'ont édicté cette suspension qu'*en ce qui concerne l'importation*; qu'ainsi l'entrée des céréales est complétement libre, tandis que la sortie en demeure soumise à l'éventualité des entraves douanières; que, par là, la législation qui, précédemment, protégeait la culture, lui est défavorable;

Que, dans cet état de choses, il y a *intérêt très-important* et sérieuse opportunité pour les agriculteurs à faire connaître leurs vœux;

Au fond, attendu que la législation de l'*échelle mobile* n'a fait que nuire à la culture sans jamais la protéger sérieusement;

Qu'elle ne l'a ni protégée ni servie : 1° parce que l'expérience a prouvé qu'il ne se fait pas d'importation céréale-considérable, en France, tant que le blé indigène n'a pas atteint le taux de 19 à 20 francs l'hectolitre; 2° parce que, maintenue exactement, contre l'intérêt de la culture, dans les années où l'exportation était nécessaire, l'*échelle mobile* a été suspendue, comme elle devait l'être, à l'apparition des hauts prix;

Qu'elle a nui aux cultivateurs, 1° parce que, ainsi maintenue dans les temps ordinaires, supprimée dans les temps de cherté, elle a fait supporter à l'exportation, c'est-à-dire à la culture française, la majeure partie des droits de douane sur les céréales; 2° parce que, par la mobilité même de son mécanisme, auquel s'ajoutait encore son défaut de permanence, elle a rendu impossible la constitution d'un commerce de grains, et que cette législation essentiellement variable a fait perdre à l'agriculture la continuité de la libre sortie des grains, et, par conséquent, une source importante de bénéfices ;

Qu'en fait, sur trente-neuf récoltes faites depuis son origine, c'est-à-dire depuis 1819, il y en a eu dix-sept, c'est-à-dire près de moitié, de bas prix ;

Considérant que l'intérêt capital pour la culture, c'est la *permanence de la libre sortie des céréales* ;

Qu'en effet, l'Angleterre, placée aux portes de la France, ouvre tous les ans à notre importation, depuis le rappel de ses lois céréales, le plus vaste marché de grains du monde, dont le déficit normal n'est pas de moins de 20 millions d'hectolitres, et que la proximité de la Grande-Bretagne paraît assurer le bénéfice de ce marché à la culture française plus qu'à toute autre ;

Que c'est ainsi une valeur de 150 à 200 millions de francs dont elle peut, pour sa part, trouver le placement dans un pays voisin ;

Que, par l'influence de cette exportation considérable, l'agriculture française acquerrait une prospérité nouvelle en voyant ses marchés plus assurés contre la baisse ;

Considérant que c'est là aussi l'intérêt du consommateur, puisque, pour avoir assez dans les mauvaises années, il faut évidemment avoir trop dans les bonnes et même dans les ordinaires ; que l'excédant de production de céréales que donnera tous les ans la culture, sollicitée à produire plus par les avantages des débouchés extérieurs, restera en France, dans les années de prix élevés, au grand profit du consommateur qui gagnera ainsi, avec la certitude de ne manquer jamais, des différences de prix considérables par l'économie des frais de transport ;

Que, si l'*échelle mobile* a été inefficace ou dommageable, le préjugé de sa prétendue protection est pourtant très-répandu ;

Considérant, en ce qui concerne l'importation des blés, que la culture française ne peut encore soutenir la concurrence des céréales produites souvent à fort bas prix par l'Amérique du Nord et aussi par certaines parties de l'empire russe, et qu'il importe de la protéger efficacement contre cette importation étrangère, à l'aide d'un droit suffisamment protecteur, qui peut être surtout nécessaire pour le midi de la France ;

Que l'état actuel de la législation ne protége pas suffisamment l'agriculture française, qui supporte d'énormes charges, surtout par l'élévation, juste du reste, des salaires agricoles ;

Qu'il est également à désirer que les droits de douanes sur le guano venant par navires étrangers ou tiré des entrepôts, soient supprimés ;

Est d'avis de formuler les vœux suivants :

1° *Que la législation à intervenir en matière céréale institue, à titre permanent, et sans autre droit que celui dit de balance, la liberté de l'exportation des céréales et de leurs farines ;*

2° *Que cette même législation institue la libre entrée des mêmes denrées, sous réserve d'un droit suffisamment protecteur ;*

3° Que les droits d'entrée sur le guano importé par navires étrangers, ou tiré des entrepôts, soient supprimés.

Le président,
G. VIELLOT.

Le secrétaire,
A. CARRO.

COMICE AGRICOLE DE LILLE.

DÉLIBÉRATION.

Considérant que l'échelle mobile a, depuis trente ans, favorisé en France la production du blé au point de la doubler;

Que sa suppression indéfiniment prolongée, quand la production intérieure suffit à la consommation, détermine l'avilissement des prix, et produit la ruine du cultivateur;

Qu'un tel état de choses, joint à la désertion des campagnes, amènerait, dans un avenir prochain, une production insuffisante et toutes ses funestes conséquences;

Considérant d'ailleurs que le seul reproche fondé qui ait été fait à l'échelle mobile, c'est de donner trop d'incertitude au commerce, en modifiant chaque mois le droit qui pèse sur le blé étranger,

Mais, tenant compte de ce qui se produit depuis l'introduction dans nos fermes des machines à battre qui font connaître l'importance de la récolte aussitôt après la moisson, le Comice agricole de Lille réclame respectueusement :

1° Que l'échelle mobile soit rétablie;

2° Que la fixation des droits, à l'importation comme à l'exportation, ait lieu, chaque année, au 1er novembre, d'après les cours constatés pendant les deux mois précédents, sans qu'aucune modification puisse y être apportée avant le 1er novembre de l'année suivante.

D'ailleurs, le Comice ne pense pas que les zones établies par la loi du 15 avril 1832 doivent être maintenues sans modification, aujourd'hui que l'établissement des chemins de fer a changé les conditions de chaque région ; ce qu'il demande avec instance, ce n'est pas le retour pur et simple à la loi ancienne, mais l'adoption de son principe, afin de protéger les consommateurs contre les maux affreux de la disette, ce que ne saurait faire la libre importation qui a lieu aujourd'hui, ni le droit invariable réclamé par quelques publicistes.

Le secrétaire général,

A. CHARLES.

COMICE AGRICOLE DE MORLAIX.

EXTRAIT DE LA SÉANCE EXTRAORDINAIRE
DU 19 FÉVRIER 1859.

Après avoir entendu la lecture du rapport de la commission spéciale nommée à la séance du 5 février, la Société d'agriculture de l'arrondissement de Morlaix, adoptant le rapport à l'unanimité moins une voix, en vote l'impression avec les conclusions suivantes :

Considérant que l'industrie agricole est le premier et le plus grand des intérêts nationaux, et que tant que la protection du gouvernement s'étendra à quelque industrie, c'est l'agriculture qui a des droits à être protégée ;

Considérant que la production agricole ne peut s'élever progressivement au niveau de l'alimentation publique que sous l'influence d'un régime protecteur fixe et continu ;

En ce qui concerne particulièrement les céréales, considérant que la haute mission du gouvernement doit être : 1° d'assurer l'alimentation du pays ; 2° de prévenir, dans la mesure possible, soit l'avilissement, soit l'exagération des prix qui tendent également à amener des crises dangereuses et à diviser les citoyens en deux camps hostiles ;

Considérant enfin que si la loi du 15 avril 1832 donne lieu à des demandes de modification dans les détails de l'application, elle n'en reste pas moins bonne en principe ;

La Société d'agriculture de l'arrondissement de Morlaix émet le vœu que le principe de l'échelle mobile soit maintenu pour le commerce des céréales.

Le président,
Comte DE GUERNISAC.

Le secrétaire,
Comte DE GUERDAVID.

RAPPORT SUR LA DÉLIBÉRATION QUI PRÉCÈDE.

MESSIEURS ET CHERS COLLÈGUES,

Dans vos préoccupations pour tout ce qui peut intéresser l'agriculture, vous vous êtes justement émus des attaques incessantes dirigées par certains organes de la presse contre la législation qui régit le commerce des céréales. Avec un sentiment unanime en faveur du principe protecteur que comporte cette législation, vous avez chargé une commission de vous faire un rapport sur cette grave question, afin que ce rapport pût au besoin servir de base aux observations que vous vous proposez de soumettre à Son Excellence M. le ministre de l'agriculture et du commerce.

Votre commission vient remplir la tâche que vous lui avez confiée.

Le commerce des céréales en France a été régi par diverses lois. Depuis le 2 décembre 1814 jusqu'au 4 juillet 1821, on en compte quatre. Enfin en 1831, en vue des progrès sensibles que faisait la culture des grains, le gouvernement, voulant consacrer par une nouvelle législation la garantie que l'on devait également aux producteurs et aux consommateurs, adressa, pour parvenir plus sûrement au but qu'il désirait atteindre, une série de questions aux hommes et aux corps les plus spéciaux.

Ces renseignements obtenus, une loi fut présentée aux Chambres, la loi du 15 avril 1832, sous le régime de laquelle nous nous trouvons encore aujourd'hui.

Voici donc bientôt 27 années qu'elle fonctionne ; ce qui parle déjà en sa faveur. En outre il est avéré que, sous son empire, la production s'est considérablement accrue, toutefois sans que le prix de revient se soit abaissé. Le taux des salaires, le loyer de la terre, l'impôt et d'autres causes ont dû, au contraire, agir dans un sens inverse, et il a fallu des circonstances aussi malheureuses que celles de 1846, 1847, 1853, 1854, 1855 et 1856, pour que le gouvernement, usant de son droit, ait cru devoir, dans une légitime sollicitude pour la population, suspendre l'exécution de la loi.

En 1846, l'Angleterre remplaçait l'échelle mobile par la liberté du commerce des grains, et, comme tôt après nous entrions dans une crise alimentaire que venaient toutefois tempérer de nombreuses importations, profitant déjà de ce concours de circonstances, quelques voix s'élevèrent pour demander que la France imitât le Royaume-Uni, et cela sans se préoccuper de savoir si nous étions dans les mêmes conditions que nos voisins, au triple point de vue de la constitution de la propriété, des habitudes de la culture et de l'organisation de l'industrie manufacturière.

Ce qui s'est passé en 1847 se reproduit encore aujourd'hui, avec d'autant plus de force que l'admission des grains a duré beaucoup plus de temps, peut-être même, à notre estime, une année de trop dans l'intérêt de la production agricole et de l'avenir pour la subsistance publique.

Parmi les adversaires de l'échelle mobile, les uns veulent

voir substituer au système actuel la liberté entière, comme en Angleterre; les autres demandent un droit fixe et modéré à l'entrée, avec sortie libre, et d'autres enfin un droit unique, sans dire si ce droit devrait s'appliquer aussi bien à l'entrée qu'à la sortie.

Aux premiers nous devons répondre que la loi anglaise, appliquée chez nous, serait la ruine de la culture des céréales et de la petite propriété, qui est, ne l'oublions pas, la plus nombreuse de toutes, et elle nous obligerait de payer, chaque année, à l'étranger quelques centaines de millions de francs. Pour s'en convaincre il suffirait de jeter les yeux sur nos voisins, chez lesquels l'importation, qui ne s'élevait, avant 1846, qu'à une moyenne de 6,664,670 hectolitres, soit pour 1843 à 1845, atteignait alors que l'échelle mobile avait cessé d'opérer (le 1ᵉʳ février 1849), soit de 1849 à 1852, une moyenne de 26,864,110 hectolitres, et enfin en 1857, quand reparurent les bonnes récoltes, l'importation anglaise comptait encore 9,159,180 *quarters*, ou 26,361,622 hectolitres.

La quinquennale avant 1846 (bonnes années) présentait en Angleterre, pour les prix, une moyenne de 54 schellings le *quarter*, soit 23 fr. 27 c. l'hectolitre; et de 1849 à 1852 (bonnes années pareillement), une moyenne de 18 fr. 33 c.[1]

N'avons-nous pas déjà la triste expérience du malaise général qui pèse sur la France lorsqu'elle est contrainte, comme dans la période de 1855 à 1856, de pourvoir à sa subsistance en payant à l'étranger de 500 à 600 millions! Et, devenus tributaires du dehors pour une grande partie du blé nécessaire, une guerre maritime survenant, à quels désastres ne resterions-nous pas exposés! En vérité, il faut le dire, plus on réfléchit aux conséquences qui pourraient naître d'un pareil état de choses, et plus on sent le frisson de la crainte.

Cette crainte ne se manifeste déjà que trop aujourd'hui, et

[1] Journal anglais *Economist*.

particulièrement dans nos régions de l'Ouest, car chacun sait que l'avilissement des prix actuels des blés amène déjà nos cultivateurs à diminuer sensiblement leurs emblavures.

On ne doit pas perdre de vue que l'Angleterre, en opérant sa réforme de 1846, cédait à une nécessité, celle de conserver à son industrie manufacturière sa suprématie, en empêchant une nouvelle augmentation dans le prix des salaires. Avons-nous aussi besoin de dire que la propriété anglaise, sans analogie réelle avec la nôtre, qui est si divisée, pouvait, au moyen du capital dont elle dispose toujours résister au coup qui lui était porté et abandonner la production des céréales pour entreprendre de nouvelles cultures? Aurions-nous les mêmes ressources?

Nous pourrions, en citant d'autres faits, caractériser de plus en plus l'énorme différence qui existe entre les deux pays, mais nous le croyons inutile. Nous avons trop de confiance dans les lumières, la prévoyance et la sagesse de notre gouvernement pour supposer un seul instant que sur les seules apparences d'une analogie chimérique, il veuille admettre en France la liberté entière du commerce des grains.

Quant aux partisans du droit *fixe et modéré* avec l'exportation libre, ils sont en réalité tout aussi antiprotectionnistes, au sujet des droits sur les céréales, que ceux qui demandent la liberté à l'entrée comme à la sortie. Lorsque la législation actuelle permet l'entrée des blés étrangers au simple droit de balance de 25 centimes par hectolitre, dès le moment que, pour la quatrième classe, à laquelle nous appartenons, les mercuriales atteignent 20 fr. 01 c., — et pour la première classe, qui comprend les départements du Midi, 26 fr. 01 c., il semble difficile de trouver rien de plus modéré. Voudrait-on, par exemple, fixer comme taux du droit unique 1 fr. 25 c. ? Mais, dans ce cas, dans le moment des prix élevés, on blesserait les intérêts du consommateur; et si, au contraire, les mercuriales s'abaissaient au-dessous de 19 fr. 01 c. ou de 25 fr. 01 c., ce seraient ceux de l'agriculture qui se trouveraient sacrifiés. Quant à la sortie toujours libre, elle serait seulement écrite sur le papier ; le gouvernement ne pourra jamais abandonner le droit qu'il a entre les mains de retenir, dans les moments critiques, pour les besoins de la population, les blés indigènes. Les ennemis de l'échelle mobile disent que son abolition ferait baisser le prix des subsistances, et cela sans nuire à l'agriculture. Nous avouons ne pas comprendre, ou plutôt nous comprenons trop bien. Qu'il soit permis, à nous autres producteurs, de répliquer que les blés de la mer Noire peuvent ordinairement être livrés à Marseille de 13 à 14 francs l'hectolitre, et qu'ils ignorent sans doute nos prix de revient. Quelle serait en définitive la part faite à l'agriculture, lorsque, le gouvernement conservant par nécessité son droit de prohibition de sortie dans les moments de crise, elle aurait à supporter la concurrence étrangère, quelque bas que fussent les prix, avec un droit unique de 1 fr. 25 c., et trouverait l'exportation fermée précisément lorsqu'il se présenterait pour elle des chances de profit ?

Aux derniers novateurs enfin, qui, plus timides, demandent *un droit unique*, et qui en cela s'appuient sur ce qui s'est fait dans deux petits pays voisins, nous ferons cette question : A quel taux fixerez-vous le droit à l'entrée ? Quel sera celui que vous poserez à la sortie ?

Aujourd'hui il est évident que le prix de l'hectolitre de froment en Bretagne, l'une des provinces qui produisent au meilleur marché, ne doit pas être inférieur à 18 francs, pour faire face au loyer de la terre, à l'impôt, aux frais de culture et pour laisser un léger bénéfice au producteur.

Examinons quelle protection nous accorde la loi actuelle lorsque la mercuriale moyenne des marchés régulateurs présente de 17 fr. 01 c. à 18 fr. pour l'hectolitre : — 3 fr. 25 c., et seulement 2 fr. 25 c., si le chiffre de 18 fr. est dépassé de 1 c. Le droit de 3 fr. 25 c. est le même pour les départements de la première classe, comprenant ceux des Bouches-du-Rhône, du Var, de l'Hérault, du Gard, de l'Aube et des Pyrénées Orientales, lorsque les mercuriales atteignent de 23 fr. 01 c. à 24 fr.

Si l'on considère la situation des ports de Marseille, de Toulon, de Cette, etc., par rapport aux pays étrangers de grande production, les bords de la mer Noire ou du Nil et les États d'Italie, y aurait-il égalité dans les conditions qu'établirait un droit unique pour la France? Ce droit unique ne favoriserait que le rayon du Midi, rayon qui s'étendrait de plus en plus par la facilité actuelle des communications. Mais ce résultat ne serait obtenu qu'au préjudice des provinces les plus productrices en céréales, qui doivent, au moins, être appelées à entrer en partage avec le marché étranger, pour la satisfaction des autres provinces françaises, qui les payent en retour par l'envoi de leurs vins, huiles, fruits, etc....., échange tout conservateur et tout national, puisqu'il s'établit sans faire sortir un écu de l'Empire. Or cet échange bienfaisant serait-il possible si le blé de la mer Noire, y compris un droit de 3 fr. 25 c., arrivait à Marseille de 16 fr. 25 c. à 17 fr. 25 c. l'hectolitre, vis-à-vis de notre prix de revient de 18 francs?

Sans nul doute la production indigène, privée de ce débouché naturel, s'amoindrirait considérablement. Pourtant nous entendons répéter souvent que la législation anglaise nous est très-favorable, à nous habitants des bords de la Manche, puisque nous avons peu de frais pour verser nos grains sur le marché anglais. Il est vrai que la Bretagne, dans la période de 1849 à 1852, a expédié outre-Manche une certaine quantité de froment, mais aux prix misérables de 13 à 14 fr. l'hectolitre, comme il est vrai aussi que dans la présente campagne ses exportations sont insignifiantes, bien que notre froment se donne à 13 fr. 50 c. et 14 fr. 50 c.

Ceux qui parlent d'un droit unique comparent la France à la Belgique ou à la Hollande; mais il ne faut pas oublier que ces petits pays, sous une même zone, cultivent à peu près également les mêmes produits, tandis qu'il en est autrement en France.

Et puis que feraient les partisans du *droit unique* à l'entrée pour en établir un semblable à la sortie? Adopteraient-ils celui de 25 c. que la loi actuelle fait payer, lorsque les mercuriales sont, pour la quatrième classe, inférieures à 19 fr. 01 c. et au-dessous de 25 fr. pour la première classe? Mais on blesserait les intérêts de la consommation lorsque les prix s'élèveraient au-dessus de 19 et de 25 fr. suivant les classes, et, encore une fois, on irait à l'encontre du droit que possède le gouvernement dans un intérêt de subsistance.

Il faut convenir que la loi de 1832 est essentiellement réfléchie et prévoyante, puisqu'elle abaisse ou augmente les droits d'entrée et de sortie, suivant que les prix s'élèvent ou fléchissent.

De tout ce qui précède, vous voyez, messieurs, qu'aux yeux de votre commission, il n'y a réellement que deux systèmes en présence : la liberté absolue du commerce des grains et l'application de l'échelle mobile, et nous osons espérer que votre opinion se fortifiera de plus en plus en faveur du principe protecteur.

Toutefois, comme nous avons vu adresser à l'échelle mobile le reproche de devenir une entrave à la spéculation, nous examinerons aussi ce point, et nous devons convenir que cette mobilité mensuelle présente quelques inconvénients. Ces inconvénients, il est vrai, existent surtout à la sortie, car à l'entrée on a la faculté d'entreposer. Mais si, sans danger, les mercuriales régulatrices pouvaient ne porter que sur quatre mois de l'année, — par exemple, sur septembre, où la récolte est déjà connue, — décembre, moment où le prix est réglé, — mars et juin, époques où l'on peut juger de la levée et de la floraison des blés, cela n'en vaudrait que mieux et laisserait plus libres les mouvements du commerce. Cette modification nous paraîtrait d'autant moins dangereuse qu'en cas d'absolue nécessité, le gouvernement resterait toujours armé de son droit d'intervenir.

Nous avons fini, messieurs, l'examen de cette grande question des céréales, et, tout en exprimant notre sympathie pour la loi de 1832, convaincus qu'améliorer n'est pas détruire, nous indiquerons quelques modifications désirables, mais seulement en ce qui concerne les détails de cette loi. Ainsi nous voudrions :

1° Que les marchés régulateurs de la deuxième section de la quatrième classe soient plus convenablement choisis d'après leur importance et seulement parmi les départements de l'ancienne province, détachant ainsi celui de Saint-Lô de notre zone. Personne aujourd'hui n'ignore les ressources qu'a présentées notre province dans les années 1854, 1855, 1856 et 1857. Son énorme production demande le plus de facilité possible dans l'écoulement de ses produits. Ce changement, que nous poursuivons depuis plusieurs années, est d'autant plus fondé, que depuis 1832 le prix de revient du blé s'est élevé chez nous d'environ 3 francs par hectolitre, et que le marché de Saint-Lô pèse toujours d'une manière fâcheuse sur la moyenne de nos autres marchés régulateurs.

2° La substitution du poids à la mesure, tant pour l'établissement des mercuriales que pour la fixation des droits à l'entrée et à la sortie. Chacun sait l'infinité de mesures qui existent sur nos marchés et auxquelles se vendent les grains; l'hectolitre, le demi-hecto, le setier, la charge, la mine, la rasière, le sac de tous poids, etc., etc. Ces mesures diverses servent encore parfois de base à l'établissement des mercuriales. Bien plus, alors même que les mercuriales s'établissent sur la mesure de l'hectolitre, quels que soient les procédés mécaniques de mesurage, ils ne donnent pas la vérité telle que le poids la donne; et d'ailleurs, en ce qui concerne la fixation des droits à l'hectolitre, il n'y a pas égalité pour tous, car le blé pèse plus ou moins, et la richesse ou la pauvreté du grain sont en raison du poids qu'il présente à l'hectolitre.

3° L'établissement d'une mercuriale spéciale pour l'avoine; — parce que l'avoine ne sert pas de base à la vie humaine; qu'elle n'est guère employée que comme fourrage, et qu'il est parfois arrivé que l'exportation de l'avoine, quoique le prix en fût très-modéré, a été entravée par le droit de sortie, dépendant, comme pour les autres grains, des mercuriales du froment.

Les Membres de la Commission :

J. L. Soubigou, propriétaire-agriculteur.

Comte de Guerdavid, propriétaire.

F. de Kergrist, propriétaire-agriculteur.

Éléouet, propriétaire-agriculteur.

Ch. Homon père, propriétaire et industriel, *rapporteur.*

COMICE AGRICOLE DE SAUMUR.

DÉLIBÉRATION.

Une demande sera adressée au Ministre de l'agriculture, relative au rétablissement de l'échelle mobile, modifiée d'après les circonstances nouvelles dans lesquelles se trouve placée l'industrie agricole par la rapidité des transports et des communications.

Cette demande exprimera le vœu :

Que le commerce des céréales soit régi par une loi ayant pour base les principes de l'ancienne échelle mobile, avec les modifications reconnues nécessaires.

Le président, L. du Bouet.

SOCIÉTÉ D'AGRICULTURE DE DOLE.

DÉLIBÉRATION.

Considérant : 1° que de toutes les industries celle de la production des céréales est la plus générale, puisqu'elle occupe les deux tiers de la population; que le découragement des producteurs est évident; que les souffrances de l'agriculture réagissent sur toutes les autres industries et qu'elles sont la cause principale de la rareté de la main-d'œuvre et de la dépopulation des campagnes ;

2° Que le blé est une matière première d'une nécessité absolue, et que l'alimentation principale d'un grand peuple ne doit pas être à la merci des producteurs étrangers, des spéculateurs et des événements, et qu'il est dans la nature de notre pays de se suffire à lui-même pour son approvisionnement en céréales;

3° Que, depuis l'établissement des voies ferrées dont le réseau couvre tout le pays, les hauts prix sont moins à craindre et les disettes impossibles, la différence de température des diverses parties de la France étant telle que, si les récoltes manquent dans quelques contrées, elles sont abondantes dans d'autres;

4° Que les droits protecteurs ne peuvent être que mobiles pour parer à l'avilissement des prix et à leur exagération, et qu'un droit fixe ne peut être appliqué à modérer des prix extrêmes qui peuvent s'écarter de 100 pour 100 d'une année à l'autre;

5

Considérant que la loi de l'échelle mobile, dont le principe est excellent, peut être modifiée d'après les changements survenus dans nos moyens de transport par les voies ferrées et les communications rapides;

La Société d'agriculture de l'arrondissement de Dôle émet le vœu que la loi du 15 avril 1832 soit conservée dans son principe, sauf à en modifier les classes et les zones d'après l'état actuel de nos voies de communication.

Le président est chargé d'adresser la présente délibération à M. le Ministre de l'agriculture.

Le secrétaire,

Raisier.

COMICE AGRICOLE DE GIEN.

EXTRAIT DU REGISTRE DES DÉLIBÉRATIONS.

SÉANCE DU 29 OCTOBRE 1858.

L'an 1858, le samedi 29 octobre, à une heure du soir, les membres composant le Comice agricole de l'arrondissement de Gien se sont réunis, sur la convocation de leur président, dans la salle ordinaire de leurs séances, à l'hôtel de la sous-préfecture.

Étaient présents : MM. de Béhague, président; général Marcel, vice-président; Henri Gramain, secrétaire; Bonnet, sous-préfet de l'arrondissement ; Xavier Boisseau, Gramain père, de la Chaise, Patron, Picard, Vialès, Loiseau fils, Joly, Boutroux, Guérin , Cordier, Rislois, Defaucomberge fils et Dion.

Un membre expose que les céréales sont descendues à un prix tellement minime que les agriculteurs ne trouvent plus dans les produits de leurs récoltes la juste rémunération de leurs pénibles travaux et de leurs sacrifices ;

Que les salaires des domestiques et des autres agents de l'agriculture, loin de diminuer, suivent plutôt une marche ascendante ;

Que l'état de choses actuel, pour peu qu'il se prolongeât, amènerait infailliblement la ruine des agriculteurs et aurait des conséquences déplorables.

Il propose d'appeler la sollicitude du gouvernement sur l'avilissement du prix des céréales et de le supplier de remédier, par tels moyens que dans sa sagesse il jugera convenables, au mal qui en résulte pour l'agriculture.

Cette proposition est adoptée par l'assemblée, qui invite son président à faire parvenir à M. le Ministre de l'agriculture les plaintes des agriculteurs.

Pour copie certifiée conforme.

Le secrétaire,

H. GRAMAIN.

SOCIÉTÉ D'AGRICULTURE DE GRENOBLE.

DÉLIBÉRATION.

La Société d'agriculture de Grenoble reconnaît :

1° Que dans l'arrondissement de Grenoble le prix du blé est inférieur au prix de revient;

2° Que, de ce fait désastreux, naît, pour les propriétaires et pour les fermiers, la difficulté de fournir du travail aux manouvriers dont ils employaient les bras dans les temps prospères, et surtout l'impossibilité de se livrer à aucune amélioration; aussi compte-t-on dans les campagnes un plus grand nombre de malheureux que lorsque les grains sont d'un prix plus élevé;

3° Que, par suite encore, l'émigration, déjà officiellement constatée des campagnes vers les grandes villes, augmente, au grand préjudice de l'agriculture;

4° Que les propriétaires et fermiers suppriment déjà une partie de leurs ensemencements en blé et y substituent des cultures plus avantageuses;

5° Que cette tendance diminuera dans l'avenir la masse des grains; que la France, qui tire de l'étranger le déficit de ses récoltes en céréales, se verra forcée de faire venir un supplément bien plus considérable, et, s'il arrivait que les États auxquels on a recours pour ce déficit ne pussent pas ou refusassent de le combler, on ne peut prévoir les désastres qui affligeraient la population de l'Empire ;

6° Que le Comice de Grenoble voit la cause principale de l'abaissement du prix du blé dans les concurrences des arrivages multipliés qui encombrent de blés étrangers les ports français ;

Et 7° que le remède le plus efficace à cet état de choses vraiment déplorable lui paraît être dans le maintien de l'échelle mobile établie par la loi du 15 avril 1832.

Le bureau décide, en outre, à l'unanimité, que la présente délibération sera mise sous les yeux de Son Excellence M. le Ministre de l'agriculture et du commerce, et qu'elle sera adressée aux Sociétés correspondantes, surtout aux autres Comices du département de l'Isère. Il ose espérer que, dans sa sollicitude, l'Empereur fera cesser les souffrances signalées à Sa Majesté.

COMICE AGRICOLE DE LANVALLON

DÉLIBÉRATION.

Le Comice de Lanvallon (Côtes-du-Nord),

Considérant que l'avilissement du prix des blés, contraire aux intérêts des propriétaires et travailleurs, produit déjà dans le canton une diminution des terres ensemencées en froment; que de cette tendance des cultivateurs il pourrait résulter un déficit énorme dans les ressources alimentaires; qu'une protection efficace est due à l'agriculture au moyen d'une législation permanente; que cette protection était autrefois établie par l'échelle mobile des tarifs, et qu'il y a lieu d'y revenir.

Émet le vœu, à l'unanimité, que l'échelle mobile soit rétablie, et que le commerce des céréales soit désormais régi par une législation protectrice et stable.

COMICE AGRICOLE DE LAVAL.

EXTRAIT DU REGISTRE DES DÉLIBÉRATIONS.

SÉANCE DU 26 FÉVRIER 1859.

Considérant qu'avec les charges qui pèsent sur l'agriculture, le prix élevé des terres et la hausse persistante des salaires, il est impossible que la France produise des céréales au même prix que d'autres pays, notamment la Russie, l'Amérique et l'Égypte;

Considérant que la raison tirée de la faible quantité de grains importés par la mer Noire en 1858 ne peut servir de règle pour l'avenir, puisque, par suite de circonstances extraordinaires, les céréales se sont maintenues en Russie depuis un certain temps à un prix non-seulement au-dessus de la moyenne, mais même relativement très-élevé et qui ne permettait pas les exportations ;

Considérant que le libre échange appliqué aux céréales ne peut être qu'un leurre pour l'agriculture, puisqu'en cas de cherté il n'est aucun gouvernement qui pût refuser de fermer ses ports à l'exportation ;

Le Comice émet le vœu, 1° que le commerce des céréales soit régi par une loi fixe et permanente, de manière à détruire l'incertitude qui paralyse toutes les opérations ;

2° Que la législation consacre la liberté d'exportation, tant que le grain se maintient au-dessous du prix reconnu comme suffisamment rémunérateur ;

3° Que l'importation ne soit autorisée qu'avec un droit protecteur variable suivant les cours, et en admettant dans la réglementation pratique tous les perfectionnements indiqués par l'expérience.

Le président du Comice,
De la Berangerie.

SOCIÉTÉ D'AGRICULTURE DE L'ALLIER.

DÉLIBÉRATION.

La Société d'agriculture du département de l'Allier, justement effrayée de la position douloureuse où se trouve aujourd'hui l'agriculture du département de l'Allier et des régions du centre de la France, par suite de l'avilissement toujours croissant du prix des céréales, et de l'élévation toujours progressive des salaires;

Considérant que cet avilissement ne peut être attribué à une récolte exceptionnellement abondante, puisque les rendements constatés établissent, au contraire, que dans ces régions la récolte de 1858 n'est qu'une moyenne ordinaire, que dès lors il y a lieu de chercher ailleurs que dans un excès de produits la cause de cet avilissement désastreux pour le producteur, et menaçant même pour le consommateur, dont le travail, première condition d'existence, doit se ressentir de la gêne que subit celui de qui le travail émane ; que cette dépréciation, qui ne peut être attribuée à un trop-plein de la production, ne doit pas l'être non plus uniquement aux importations, balancées dans ces derniers temps par l'exportation, mais qu'elle est surtout le résultat de l'inquiétude de la masse des producteurs et des appréciations erronées auxquelles donne lieu l'absence d'une législation fixe et stable ;

Considérant que ce malaise prolongé peut devenir une ruine dans un pays où la nécessité d'améliorer le sol oblige l'agriculteur à des avances considérables qui, loin de lui rentrer, aggravent encore pour lui l'état de perte où de semblables crises jettent même les contrées les plus favorisées quant à la fertilité de leur sol ; que la conséquence de la prolongation d'une position aussi désastreuse doit être inévitablement l'éloignement de l'agriculture des capitaux et des intelligences, qui déjà ne tendent que trop vers les spéculations des autres industries, et, à la suite de cet éloignement, la désertion plus grande encore de la portion forte et énergique de la classe ouvrière, de plus en plus attirée vers les autres industries ; conséquence dont l'effet inévitable doit être, dans un temps donné, un danger sérieux pour l'alimentation publique ;

Considérant que pour une industrie qui n'opère qu'à longs termes, et dont les résultats sont déjà grevés de toutes les incertitudes qui dépendent de tant d'éventualités atmosphériques, il faudrait au moins, pour la réalisation des produits obtenus après tant d'anxiétés, d'épreuves et de pertes premières, une sécurité et une stabilité qu'elle ne peut trouver dans les dispositions toujours temporaires et provisoires des décrets qui, depuis quelques années, régissent le commerce des céréales ;

Considérant que la France ne peut produire les grains aux mêmes prix que d'autres pays plus favorisés, qui, malgré les frais des transports et les bénéfices du commerce, pourront toujours jeter leurs produits sur notre littoral à un prix inférieur à celui qui représente pour le producteur français une rémunération suffisante ; que celui-ci a besoin d'obtenir cette rémunération, et dès lors une protection sans laquelle il sera forcément dans l'impossibilité de produire ; que la seule organisation qui puisse concilier en même temps les intérêts du producteur et ceux du consommateur, c'est-à-dire pour l'un une rémunération suffisante, et pour l'autre une modération de prix, garantie par un commerce raisonnable, semble être celle qui établit une protection proportionnelle, graduée suivant les besoins, et dont l'effet sera de maintenir un équilibre essentiellement variable entre deux intérêts, dont l'un ne peut ni ne doit être sacrifié à l'autre, c'est-à-dire le maintien du système dit échelle mobile, modifié en ce qu'il a offert jusqu'ici d'incomplet ou de défectueux ;

Considérant enfin que l'établissement d'un droit fixe ne peut être protecteur de la même manière, attendu que, pour être juste, il ne faudrait pas qu'il fût trop bas, ce qui le rendrait illusoire, mais bien qu'il fût fixé à un chiffre résultant d'une moyenne dans les prix d'un certain nombre d'années ; que dans ces conditions, insuffisant au moment du plus grand avilissement des prix, il serait évidemment toujours suspendu lors de leur plus grande élévation, et ne serait réellement plus l'expression d'un moyen terme de compensation;

Sans vouloir entrer dans le détail des modifications que peut nécessiter l'ancien système, ni même ébaucher une législation qui, dans un intérêt aussi général et aussi multiplié, doit être en quelque sorte le résumé et la traduction des besoins et des vœux de toutes les contrées du pays, et ne peut être raisonnablement faite que là où vient aboutir l'expression de tous ces vœux et de tous ces besoins;

La Société d'agriculture de l'Allier émet le vœu que le commerce des céréales soit de nouveau réglé par une législation protectrice, stable et permanente; que les départements du centre, aujourd'hui reliés à ceux qui les entourent par des voies de communication rapides et économiques, ne soient plus laissés dans l'isolement où il n'y a plus de raison qu'ils soient, et que les mercuriales de leurs marchés concourent avec les autres à la formation des zones territoriales et des classes des prix régulateurs; enfin, que la législation qu'elle réclame soit fondée sur ce double principe :

1° Libre exportation des céréales;

2° Perception d'un droit protecteur variable suivant le cours des céréales.

Pour copie conforme,

Le président de la Société,

G. DE BONAND.

SOCIÉTÉ D'AGRICULTURE DU PUY.

DÉLIBÉRATION.

La Société d'agriculture, sciences, arts et commerce du Puy, émue des doléances unanimes qui se sont produites dans son sein, ou qui lui parviennent de toutes parts sur les souffrances de l'agriculture, et vivement préoccupée de ce qu'il y a de désastreux dans l'avilissement toujours croissant du prix des céréales, a cru devoir nommer une commission chargée de formuler et de transmettre à S. E. M. le Ministre de l'agriculture et du commerce de respectueuses observations sur cette question capitale.

La commission, convaincue, comme la Société, de toutes les sympathies du gouvernement pour les intérêts agricoles, n'a pas douté que M. le Ministre ne fût disposé à accueillir avec bienveillance, comme élément d'une utile enquête sur les besoins et les intérêts de chaque localité, l'expression des vœux qui se produisent en ce moment dans le sein de toutes les associations agricoles.

En conséquence, elle prend la liberté d'adresser à Son Excellence l'extrait ci-joint de ses délibérations.

Considérant que la suppression du système dit *de l'échelle mobile* livre l'agriculture française à toutes les chances d'une concurrence par trop inégale et fatalement ruineuse ;

Qu'un tel état de choses, en se prolongeant plus longtemps, ne saurait manquer de décourager complétement les cultivateurs, d'enrayer presque subitement la tendance aux progrès agricoles, partout si manifeste aujourd'hui, grâce notamment aux heureuses initiatives de l'autorité supérieure elle-même ;

Que cette dépréciation aurait infailliblement pour résultat de faire amoindrir, dans une notable mesure, la proportion des emblavures en faisant reconquérir à la jachère une large part de ce qu'elle a perdu dans ces derniers temps au grand profit de notre production nationale ;

Que, le travail agricole de la sorte amoindri, on verrait se développer encore cette tendance à l'émigration des populations rurales vers les grandes agglomérations urbaines, dont se préoccupent, à si juste titre, les économistes et les hommes d'État ;

Que l'ouvrier agricole ainsi déclassé chercherait vainement, sans doute, à trouver dans l'industrie la compensation permanente de son travail perdu; qu'il serait livré tout au moins à toutes les vicissitudes douloureuses du chômage intermittent et aux suggestions antisociales de l'oisiveté ou de la misère;

Que, d'autre part, la diminution qui résulterait très-prochainement, dans la somme totale de nos récoltes, des nouvelles conditions de découragement et d'impuissance créées à l'agriculture, pourrait évidemment compromettre un jour les plus sérieux intérêts de la consommation, et mettre un grand pays comme la France, si heureusement apte à se suffire en toutes choses à lui-même, à la merci de l'étranger;

La Société d'agriculture du Puy constate que le prix actuel des céréales est, pour la Haute-Loire, notablement inférieur à la moyenne des prix de revient.

En conséquence, elle croit urgent, ne fût-ce que pour rendre aux transactions la sécurité et la sincérité qui leur sont si nécessaires, de revenir, dans le plus bref délai, au système de l'échelle mobile remanié, si l'on veut, dans quelques-uns de ses détails, et simplifié dans ses bases.

Le département de la Haute-Loire, en ce qui le concerne, le département de la Haute-Loire, dont l'industrie agricole est le principal et presque le seul instrument de vie, s'alarmerait vivement, et, la Société croit pouvoir le dire, s'alarmerait à bien juste titre de la prolongation du *statu quo* tout aussi bien que de l'incertitude qui pourrait durer encore en cette matière. A plus forte raison regarderait-il comme véritablement désastreuses, comme pouvant porter le coup le plus funeste à l'avenir agricole du pays, des tendances économiques qui, faisant sur l'agriculture leurs dangereuses expérimentations et proclamant plus ou moins radicalement l'imprudent principe de toutes les franchises commerciales, détourneraient, d'une façon peut-être irrémédiable, loin de l'agriculture déjà si cruellement éprouvée, les capitaux et les bras.

Dans le dessein d'appeler sur ces considérations, à ses yeux si pressantes, toutes les sollicitudes du gouvernement, la Société d'agriculture du Puy charge son président de les transmettre sans retard à S. E. M. le Ministre de l'agriculture.

Le président de la Société d'agriculture du Puy (Haute-Loire),

CALEMARD DE LAFAYETTE.

SOCIÉTÉ D'AGRICULTURE DE ROCHEFORT.

DÉLIBÉRATION.

Considérant que la libre entrée des grains étrangers ne saurait, tant pour les frais qui s'y rattachent que par l'abondance des produits, constituer un danger pour la production indigène ;

Considérant que cette libre introduction, en créant à l'agriculture une concurrence utile, est de nature à favoriser son développement et à la rendre plus forte, même pour le cas où, seule, elle devrait suffire aux besoins du pays ;

Considérant que la libre exportation serait également le plus sûr moyen d'assurer à la production les débouchés réguliers qui seuls peuvent la sauver, en temps d'abondance, de l'avilissement des prix ;

Considérant que la taxe dite *échelle mobile* n'a d'autre

effet que de retarder le moment où les échanges viennent modérer les mouvements de hausse ou de baisse qui résultent de la variation des récoltes ;

Considérant que son application produit en outre des anomalies choquantes dans les transactions ; anomalies qu'on ne peut espérer faire disparaître, attendu qu'en matière commerciale les circonstances de production et de débouché varient et varieront sans cesse, surtout sous l'empire d'une législation qui les restreint,

Émet le vœu :

Que la taxe dite *échelle mobile* soit définitivement supprimée.

Le président de la Société d'agriculture
de Rochefort,

Roy-Bry.

CHAMBRE D'AGRICULTURE D'ARRAS.

DÉLIBÉRATION.

La Chambre consultative, vivement préoccupée de la situation grave de l'agriculture, par suite des variations et de la dépréciation du prix du blé, ainsi que de la plus grande partie des produits agricoles ;

Considérant que le prix du blé est inférieur à son prix de revient ; qu'il en est de même pour les plantes et

graines industrielles, et qu'il en résulte, pour le cultivateur, des pertes considérables ;

Que si cet état de choses se prolongeait, la prospérité
du pays et l'alimentation publique se trouveraient gravement compromises ;

Qu'il est du plus haut intérêt de mettre l'agriculture
à l'abri des perturbations qui la compromettent ;

Regarde comme un devoir d'appeler toute la bienveillante attention du gouvernement sur cet état de
choses, et, pour y obvier, émet le vœu :

Que le commerce des céréales soit régi par une loi
stable et permanente ayant pour base ces deux principes :

1° Liberté d'exportation des céréales ;

2° Perception, à l'importation, d'un droit protecteur
variable selon le cours du blé, en admettant, dans la
réglementation pratique de l'échelle mobile, tous les
perfectionnements indiqués par l'expérience.

*Le secrétaire de la Chambre consultative d'Agri-
culture de l'arrondissement d'Arras.*

RAFFENEAU DE LISLE.

COMICE DE LAVAUR.

Le Comice agricole de Lavaur (Tarn), considérant :
Que l'agriculture, source principale de la richesse du

pays et aussi de l'impôt, a besoin de protection ; que le gouvernement ne saurait exercer sur sa prospérité une action plus puissante qu'en favorisant l'écoulement de ses denrées ;

Que la *libre importation* des grains étrangers et un *droit éventuel* à la sortie des blés français ont pour double résultat de faire baisser les prix et d'empêcher qu'ils ne se relèvent ; que cette législation à deux tranchants aboutit nécessairement à maintenir le cours des céréales au-dessous du chiffre rémunérateur ;

Que la France, par des causes toutefois indépendantes de l'activité ou de l'intelligence de ses populations rurales, mais par le fait de ses conditions économiques, ne peut produire les céréales à un prix aussi bas que les pays où la rente du sol et la main-d'œuvre sont restées à un taux tout à fait inférieur ?

Considérant que l'avilissement excessif du cours des denrées est une calamité qui frappe également les intérêts bien compris du consommateur et ceux du producteur, car, en réduisant les ressources de ceux-ci, il tarit, au détriment des autres, les sources du travail ; qu'il met un obstacle absolu à toute amélioration agricole, décourage le progrès, favorise l'émigration des ouvriers, qui ne trouvent plus aux travaux de la terre un salaire ni assuré ni suffisant ; qu'il doit avoir enfin pour résultat nécessaire de diminuer un jour la production, et de provoquer un enchérissement des denrées qu'aucune mesure gouvernementale ne pourra arrêter ;

Considérant que le moyen le plus sûr, à son avis, et

aussi le plus juste de maintenir l'équilibre entre les exigences si légitimes du consommateur et les besoins réels du producteur, est de frapper l'importation d'un droit variable qui s'élève et s'abaisse avec le prix régulateur du marché intérieur ; que la loi, longtemps en vigueur sous le nom d'*échelle mobile*, lui paraît devoir, mieux que toute autre, atteindre ce but ; que, si cette loi présente des vices de détail et quelques difficultés dans l'application, il sera facile d'y remédier, sans toucher à son principe, excellent en lui-même ;

Que le principe d'un *droit fixe* aurait des inconvénients que n'a pas le droit mobile, et n'offrirait pas ses avantages : en effet, dans les années d'abondance moyenne, il ne serait pas suffisamment protecteur, et, pendant les périodes de crises alimentaires, il grèverait l'importation d'un droit odieux ;

Que, si le chiffre des exportations a dépassé, pendant la dernière période, celui des importations, ce n'est point que notre récolte eût besoin de ce débouché ni qu'elle en ait profité, mais que les blés étrangers, introduits avant le décret du 7 octobre 1858 en trop grande quantité, et ne trouvant plus à s'écouler avec avantage sur le marché intérieur, ont dû être exportés de nouveau ; que les prix se sont avilis, non par le *seul fait* des importations, qui, depuis le décret, n'ont pas eu une grande importance, mais par la crainte de ces importations, par un effet moral dont il faut bien tenir compte, par une panique d'encombrement aussi désastreuse que celle de la disette ; que la preuve en est dans la baisse importante qui s'est fait sentir sur tous les marchés intérieurs le lendemain de la promulgation du décret ; convaincu que ce découragement persistera aussi longtemps que nous resterons sous la menace, motivée ou non, d'un envahissement des blés étrangers ;

Attendu que l'exportation des céréales, si importante pendant la dernière période, et qui s'est faite, en grande partie, au profit de quelques riches spéculateurs, n'a été d'aucun secours ni au commerce intérieur ni à l'agriculture ; que les faits en témoignent, et que toute allégation contraire est purement spéculative ;

Que, si le commerce extérieur est une des richesses et des puissances du pays, si la prospérité des grandes villes maritimes est son orgueil, l'agriculture et les populations rurales sont aussi sa force nourricière et sa puissance morale, et qu'elles demandent une égale protection ;

Par ces motifs, émet le vœu que le gouvernement, faisant droit aux justes doléances de l'agriculture, remette en vigueur la loi de l'échelle mobile, sauf à porter à son application et dans les détails les améliorations qu'elle peut demander.

Émet également le vœu que les droits d'importation sur les engrais étrangers soient considérablement diminués.

Délibéré en séance générale et voté à l'unanimité.

Le président du Comice,

ET. DE VOISIN LAVERNIÈRE,
Le secrétaire du Comice,

J. LOUPIAS.

COMICE AGRICOLE DE PIERRE

(SAÔNE-ET-LOIRE).

DÉLIBÉRATION.

M. le président ayant appelé l'attention de l'assemblée sur l'importance de la question mise en délibération, plusieurs membres, après avoir constaté l'état de gêne de l'agriculture, spécialement dans le canton, ont présenté des observations sur les principes de la loi du 15 avril 1832, dite l'échelle mobile, sur les effets de son application pendant de nombreuses années, sur les modifications dont cette loi est susceptible, sur les inconvénients des mesures provisoires qui y ont été substituées depuis 1853, ainsi que d'un droit fixe qui serait destiné à remplacer les droits variables établis par la loi de 1832.

Ensuite M. Philippe Druard, vice-secrétaire du Comice, a donné la lecture du projet de délibération suivant, qui contient un résumé substantiel des observations précédentes.

Le Comice agricole, réuni en assemblée générale, a reconnu, 1° que l'agriculture française ne peut soutenir la concurrence avec des pays qui sont dans des conditions plus favorables pour produire à bon marché; 2° que l'intérêt général exige que les céréales soient à un prix suffisamment rémunérateur; 3° qu'un droit fixe ne peut se justifier par cette raison simple qu'un droit

protecteur doit, autant que possible, être en rapport
avec le prix de la marchandise, et que, à la différence
de ce qui a lieu pour les produits de l'industrie, il y a
dans les influences atmosphériques, dans l'inconstance
des saisons, des causes entièrement indépendantes de
la volonté et du travail de l'homme, causes qui augmentent ou diminuent les productions de l'agriculture,
et, par conséquent, en font varier les prix ; que de là
ressort la mobilité dans le droit protecteur applicable
à l'agriculture, quoique la fixité du droit soit appliquée
aux produits industriels ; 4° que les principes posés
dans la loi du 15 avril 1832 sont les bases essentielles
d'un droit véritablement et efficacement protecteur des
intérêts agricoles, et qu'il suffit, pour parer aux inconvénients reprochés à l'application de ces principes,
de restreindre et de modifier le classement admis par
cette loi, ainsi que les délais de publication, en tenant
compte des changements que la facilité des transports
sur les voies ferrées a produits dans les relations commerciales et des moyens que l'extrême rapidité de la
télégraphie électrique offre, pour transmettre presque
instantanément les prix des mercuriales des marchés
régulateurs, ce qui fera tomber le reproche de retard
dans les informations nécessaires à ceux qui se livrent
au commerce des grains ; 5° enfin, que l'avilissement
des prix ajoute chaque jour à la misère des cultivateurs,
et que cet état de choses, plus longtemps continué,
prendrait les proportions d'une calamité publique ;

En se fondant sur ces considérations et plein de confiance dans la sollicitude que le gouvernement de

l'Empereur a constamment montrée pour les intérêts de l'agriculture, le Comice émet le vœu que la loi du 15 avril 1832 soit révisée dans le sens plus haut indiqué, et qu'une législation stable et permanente soit substituée au système provisoire qui, depuis six ans, régit les intérêts de l'agriculture et le commerce des grains.

Ce projet de délibération, ayant été mis aux voix, a été adopté à l'unanimité.

Les membres du bureau :

E. DE LOISY, *président ;* BOUDEY, *vice-président ;* FRESNE, *trésorier ;* PH. DRUARD, *secrétaire.*

SOCIÉTÉ D'AGRICULTURE DE LA SEINE-INFÉRIEURE.

DÉLIBÉRATION.

Considérant que l'agriculture française, par suite de l'avilissement du prix des blés, est dans un état de souffrance sur lequel il importe d'appeler l'attention de l'autorité ;

Considérant que la prolongation de cet état pourrait devenir menaçante, même pour l'alimentation publique, si elle devait amener la restriction des quantités de terres ensemencées en blé ;

Considérant que la suspension des effets de l'échelle mobile, suspension qui a eu lieu depuis six ans, par des décrets annuels, a mis le comble à l'incertitude des producteurs de blé, et a enlevé aux cultivateurs la sécurité nécessaire pour asseoir sur des bases suffisamment sûres leurs opérations respectives ;

Considérant que le système de l'échelle mobile, qui a d'ailleurs pour lui une expérience de quarante années, est celui de tous qui garantit le mieux, en leur donnant une légitime satisfaction, les deux grands intérêts qui sont en présence dans cette question, la prospérité de l'agriculture et la sécurité de l'alimentation publique ;

La Société centrale d'agriculture du département de la Seine-Inférieure émet le vœu que le commerce des céréales soit régi par une législation stable et permanente ;

Que cette législation soit réglée par le principe de la perception à l'importation, comme à l'exportation, d'un droit variable selon le cours du blé, en admettant d'ailleurs dans la réglementation de l'échelle mobile tous les perfectionnements de détail indiqués par l'expérience, particulièrement en ce qui concerne l'établissement des classes.

La Société pense que le nombre des classes pourrait être réduit à trois, et que la différence entre la première et la troisième ne devrait pas dépasser 5 francs par hectolitre.

Le président, Mésaize.

COMICE DE PUTANGES
(ORNE)

DÉLIBÉRATION.

Considérant que le régime actuel a l'immense défaut d'être provisoire et qu'il ne laisse aucune sécurité d'action à l'industrie agricole :

Considérant que, si le système de l'échelle mobile n'a pas donné dans le temps de son application tous les résultats désirables, il serait imprudent d'y substituer une liberté complète ;

Considérant qu'en s'appuyant sur les résultats acquis par l'expérience il sera facile au gouvernement de proposer une loi qui sauvegarde les intérêts de l'agriculture, si peu favorisée jusqu'à ce jour, en même temps que ceux du commerce, dont l'action dans le passé n'a jamais pu assurer complétement la subsistance de la nation, sans qu'on puisse l'attribuer à l'échelle mobile ;

Considérant que le provisoire ne peut convenir à rien, et que, s'il continuait, l'agriculture, cette branche de l'industrie nationale, la première de toutes, en souffrirait notablement ;

Considérant que, lorsque toutes les industries sont protégées, elle ne doit pas rester seule sans protection ;

Le Comice émet le vœu que le commerce des céréales

soit de nouveau régi par une législation stable et permanente ;

Que cette législation soit basée sur l'échelle mobile, en admettant dans la réglementation de ce système tous les perfectionnements indiqués par l'expérience.

Fait et délibéré à Putanges le 10 février 1859.

Le président du Comice agricole,

LE COMTE DE VIGNERAL.

COMICE AGRICOLE D'ABBEVILLE.

EXTRAIT DU PROCÈS-VERBAL DE LA RÉUNION GÉNÉRALE

DU 25 FÉVRIER 1859.

Le Comice, après délibération :

Considérant que l'avilissement du prix des blés cause aux agriculteurs de l'arrondissement un grand préjudice ;

Considérant que la législation qui régit actuellement l'importation et l'exportation des céréales ne semble pas devoir y porter remède ;

Considérant que le système de l'échelle mobile paraît être celui qui garantit le mieux les intérêts de l'agriculture ;

Émet le vœu que l'échelle mobile, qui, pendant long-temps, a été appliquée au commerce des céréales, soit de nouveau rétablie ;

Décide que la présente délibération sera adressée à M. le Ministre de l'agriculture, du commerce et des travaux publics.

Le président du Comice d'Abbeville,

CH. LEFEBVRE DE VILLERS.

COMICE AGRICOLE DE POLIGNY

EXTRAIT DU REGISTRE DES DÉLIBÉRATIONS.

SÉANCE DU 24 FÉVRIER 1859.

Le Comice ;

Considérant qu'il importe de mettre un terme à l'état de souffrance où se trouve actuellement l'agriculture française par suite de l'avilissement du prix des céréales ;

Considérant que la persistance de cet état de choses tendrait à réagir d'une manière fâcheuse sur la prospérité générale et à avoir pour conséquence inévitable une restriction des cultures, ce qui engendrerait une période de cherté non moins contraire au bien public ;

Considérant que les transactions commerciales de

l'industrie agricole ne sauraient être assises sur des bases solides et rassurantes, tant qu'elles ne seront pas réglementées par une législation stable, spéciale et protectrice ;

Considérant enfin que la suspension de l'échelle mobile, non-seulement paralyserait le développement et la prospérité de l'agriculture, mais encore pourrait compromettre la sécurité de l'alimentation publique ;

Par ces motifs :

Le Comice, fidèle aux saines doctrines dont il est pénétré,

Émet le vœu que le décret du 30 septembre dernier, qui a protégé la libre importation des céréales, soit modifié par une législation stable et permanente, qui, en favorisant la liberté de l'exportation, soumette, au moins dans les ports méridionaux de la France, l'importation à une perception variable suivant le prix des céréales.

Les membres du bureau,

Le président,

LANDRY.

Le vice-président,

GRO.

D. CHEVALLE.

Le secrétaire,

JACQUEMET.

SOCIÉTÉ D'AGRICULTURE DE L'AUBE.

EXTRAIT DU REGISTRE DES DÉLIBÉRATIONS.

SÉANCE DU 18 FÉVRIER 1859.

La Société académique de l'Aube, ouï le rapport présenté par M. Dosseur, au nom de la section d'agriculture, sur la question de l'échelle mobile, et les observations faites par plusieurs membres :

Considérant que l'étude de cette question emprunte aux circonstances actuelles et au projet de loi soumis au conseil d'État un intérêt tout exceptionnel ;

Qu'il est du devoir des Sociétés savantes, placées au centre des populations pour en refléter les idées et en formuler au besoin les désirs, de se faire, auprès du gouvernement qui les protége, l'écho de l'opinion publique ;

Considérant qu'il est tout à la fois de l'intérêt de l'agriculture et de la population de voir les institutions transitoires qui régissent les grains faire place à une législation d'un caractère stable et permanent ;

Considérant qu'en présence de la double nécessité d'assurer au produit agricole un taux rémunérateur, et à la consommation une sauvegarde contre l'exagération du prix des denrées, la loi à intervenir ne saurait mieux faire que de remettre en vigueur les dispositions de l'échelle mobile avec les modifications que permet l'état actuel des choses;

Considérant que, retirée de la législation anglaise, sous la pression de circonstances exceptionnelles et pour la satisfaction de besoins locaux qui ne sont pas les nôtres, l'échelle mobile laissait encore à l'agriculture britannique, en dehors même du cours alors très-élevé des denrées alimentaires, un avenir certain de prospérité;

Que le fermier anglais, placé dans un pays d'herbages, où la viande, à cause des habitudes de la consommation, est d'un produit plus grand et plus facile que le blé, sur un sol dont la récolte en céréales ne saurait guère fournir à une population de plus en plus pressée que les deux tiers du nécessaire, profitait, en outre, de tous les avantages du libre échange au mment d'en subir les inconvénients;

Que d'ailleurs, avertie par une discussion publique de dix années que le commerce anglais, fort de son nombre et de son argent, imposerait la réforme du libre échange à l'agriculture, cette dernière avait eu le temps de modifier ses conditions économiques, de manière à recevoir le nouvel état de choses sans que la secousse fût trop sensible;

Considérant qu'en France, terre de céréales, la moyenne de la récolte dépasse au contraire la moyenne des besoins; que la constitution du sol, la nature du climat et les habitudes de la vie alimentaire empêchent l'agriculteur, appauvri par le bas prix des grains, de trouver une compensation suffisante dans l'élevage et l'engraissement des bestiaux;

Qu'en présence de l'état actuel de souffrance des classes agricoles il serait funeste d'abroger la loi de protection qui n'était à leurs yeux que momentanément suspendue, lorsque le monopole reste dans toute nos industries, tarifant le vêtement et les machines, le fer qui creuse le sol et l'engrais qui le féconde;

Considérant que, dans l'intérêt du fabricant et de l'ouvrier, il est nécessaire que, même dans les années d'abondance, le cours des marchés soit rémunérateur pour que l'artisan du sol vive dans la ferme au lieu d'encombrer l'usine, et pour que le commerce puisse conserver auprès des populations agricoles l'écoulement sûr et facile de ses produits;

Considérant enfin que, simplifiée dans son action, soit par la suppression ou la réduction des zones territoriales que la facilité des communications rend inutiles, soit par une application moins fréquente de son mécanisme aux variations des cours, l'échelle mobile ne saurait être une entrave pour le commerce de blé et une gêne pour la spéculation;

Exprime le vœu que le décret qui proroge au 30 septembre 1859 la libre entrée du blé étranger soit rapporté, et que la législation dite de l'échelle mobile, avec les modifications que le commerce réclame, et que les facilités du transport à l'intérieur permettent, règle à l'avenir d'une manière permanente la question des céréales en France.

Pour extrait conforme :

Le secrétaire de la Société,

A. GAYOT.

RAPPORT SUR LA DÉLIBÉRATION QUI PRÉCÈDE.

Messieurs,

Chacun de vous, et principalement ceux de nos collègues qui s'occupent d'exploitations rurales, connaissent l'échelle mobile, et depuis longtemps en ont étudié l'ingénieux mécanisme.

Vous savez que la législation de 1819, divisant, d'après l'évaluation du produit ordinaire du sol arable, l'agriculture de la France en quatre zones, avait introduit un système de bascule qui tenait constamment en balance l'intérêt rival du producteur et du consommateur.

Cette institution avait pour but de faire, selon le cours du blé, pencher ou monter la balance, et tendait autant que possible à égaliser les prix en élevant progressivement les droits d'importation à mesure que les cours étaient plus bas, en les réduisant en quelque sorte à rien quand les céréales étaient en faveur sur les halles.

Le même système était appliqué à la sortie des céréales, et le prix régulateur des marchés de l'intérieur se traduisait sur les degrés du tarif de l'exportation, en prenant pour point d'appui et pour base la même loi d'équilibre, la mercuriale des denrées.

Si je voulais, avant d'entrer en matière, passer la revue de nos forces, nous trouverions, il faut bien l'avouer, dans le camp des partisans de la franchise absolue du commerce des grains, des organes accrédités dans la presse, des économistes dont la pensée est une puissance avec laquelle il faut compter quand il s'agit de libre échange. Mais nous pouvons dire que les sociétés savantes, les institutions agricoles et les comices, ceux d'entre nous surtout dont les mains tiennent plus souvent la charrue que la plume, n'ont dans la pensée qu'un désir, sur les lèvres qu'une formule : *Protection à l'agriculture*.

Mais comment s'exercera cette protection ? La majorité des prohibitionnistes (passez moi l'expression consacrée) réclament l'échelle mobile avec quelques modifications dont nous aurons à vous entretenir plus tard. L'établissement d'un droit fixe pesant sur les grains, soit à l'entrée, soit à la sortie, selon les cours, paraît aux autres une garantie suffisante. Mais on reproche à ce mode de protection, plus simple à la vérité, mais ayant un caractère éminemment fiscal, et par cela même frappé d'impopularité dès son origine, d'avoir peu de chances de durée.

Les libres échangistes enfin ne voient que dans l'affranchissement complet du commerce des grains un avenir de prospérité pour l'agriculteur.

Je craindrais, en reportant vos esprits sur les détails d'une controverse qui me paraît loin cependant d'être épuisée, d'avoir à vous entretenir d'idées et de faits qui sont depuis longtemps du domaine de l'histoire. Mais je vous dois de m'arrêter sur quelques objections que les publications du jour reproduisent à chaque page, et dont votre commission pense qu'on exagère la portée.

Le libre échange cite l'exemple de l'Angleterre, il voit dans toute mesure prohibitive édictée par la loi une menace pour la consommation, un obstacle pour le commerce, une entrave pour le producteur.

J'avoue que l'argumentation tirée de la réforme anglaise des céréales en 1846, bien que présentée souvent, me paraît peu concluante.

Vous savez, messieurs, à quelle législation indécise avait été soumise, avant l'époque dont je vous parle, le commerce des blés dans les îles britanniques. L'histoire de ces variations, tachée de sang sur plus d'une page, serait longue, en admettant que nous lisions aujourd'hui le dernier volume.

7

En 1815, époque à laquelle il suffit de faire remonter cette étude, la production paraissant suffire à la demande, une loi qui, malgré les attaques de Whitmore et de Canning au sein du Parlement, et celles de Hunt au milieu des assemblées populaires, dura jusqu'en 1828, avait fixé le prix rémunérateur du blé à 80 sh. le quarter (34 fr. 40 c. l'hectolitre); elle prohibait l'importation au-dessous de ce chiffre.

Il faut faire la part du temps. En 1828, les progrès de l'agriculture anglaise et les besoins d'une population toujours croissante dont les mains semblaient se multiplier pour demander du pain, avaient nécessité de nouvelles mesures. A cette époque, l'échelle, modifiée en 1842 par Robert Peel, qui put fixer le taux rémunérateur à 56 sh. (24 fr. 08 c. l'hectolitre), entrait dans les institutions du pays, et, bien souvent remuée, y restait debout pendant 18 années, c'est-à-dire jusqu'en 1846, époque où le bill d'exportation libre ouvrit le port de Londres et des trois royaumes aux blés du dehors, moyennant un droit fixe de 43 c. par hectolitre.

Je n'ai certes pas la prétention de discuter le mérite d'une réforme fondamentale, patronnée en fin de compte par une des intelligences les plus pratiques des temps modernes; mais j'avoue être un peu du nombre de ceux qui pensent qu'il y a des choses vraies ou fausses selon la position des Pyrénées, sages ou funestes au delà de la Manche ou en deçà.

En France, ce qui frappe la vue à vol d'oiseau, c'est la ferme; en Angleterre, c'est l'usine. L'agriculture même a besoin de s'y faire industrielle et d'étudier la mécanique.

Depuis hier la locomotive bat les blés, aujourd'hui les sème, elle les fauchera demain. Le machiniste a remplacé le valet de charrue; un ingénieur pose dans le domaine de Vand-Worth les rails du labour à la vapeur de Halkett, et trouve moyen même de confier au tender le travail si minutieux du sarclage.

Aussi, je comprends très-bien que la législation anglaise, avant tout manufacturière, industrielle, commerçante, mais agricole seulement par exception, ait risqué de compromettre le sort de deux cent cinquante mille fermiers au profit de vingt-six millions de marchands.

Quand on a la prétention de monopoliser le commerce du monde; quand une nationalité ne peut vivre qu'à la condition que, pour elle, toute idée soit une valeur commerciale, toute conquête l'emplacement d'un comptoir; quand elle donne au chancelier pour siège d'honneur un sac de laine, il faut avant tout tuer la concurrence au dehors, et, pour produire à bas prix au dedans, nourrir l'ouvrier de peu ou du moins à bon compte. Quant à l'agriculteur, qu'importe! pourvu que le pain et le gigot de *South-Down* abonde aux étaux de Londres ou de Liverpool.

Aussi, le libre échangiste anglais, que l'histoire le place à la tribune de Westminster, ou sur les tréteaux de Free-tread-Hall à Manchester, avait une excellente raison pour lui, celle du nombre, celle du plus fort; nous devons lui savoir gré d'en avoir donné d'autres.

Déjà, à l'époque dont je parle, les libertés commerciales étaient chez nos voisins dans les idées et en partie dans les faits. Le monde industriel et commerçant avait fait et allait faire à l'agriculteur la leçon du sacrifice, en exilant le monopole.

Le libre échange, avant de frapper au grenier de la ferme, avait ouvert en Angleterre presque toutes les portes de la boutique et de l'usine; il s'était assis sur le comptoir avant d'envahir la ferme. La douane ne tarifait pas sur les docks de Londres l'habit du gentleman farmer ou le fer de sa charrue. Entrés depuis longtemps en franchise, les guanos du Chili avaient doublé le produit du sol anglais. Le sacrifice imposé à l'agriculture nationale lui était donc escompté à l'avance, et ce n'était pas sans raison que les organes éloquents de la ligue du libre échange, Cobden, Georges Wilson et autres, développaient sous les yeux du fermier les horizons d'un avenir peu inquiétant.

En effet, le développement de la production, quelque rapide et intelligent qu'il fût, se laissait distancer par l'accroissement d'une population qui, d'après les données de Robert Peel, s'augmentait de 580,000 âmes chaque année; qui s'était, d'après sir James Graham, élevée de dix millions pendant la période de trente ans qui a précédé la législation des céréales de 1846.

Ceci admis, et la consommation devant dépasser le produit, l'offre ne pouvant suffire à la demande, l'utilité de l'importation libre pouvait-elle être discutée quand, chiffres sur table, on prouvait qu'elle était nécessaire, et qu'on posait pour dernier argument la vie du peuple?

La question des céréales, à ce point de vue, recevait des circonstances fortuites une merveilleuse impulsion.

De 1839 à 1843, l'insuffisance de la récolte avait inspiré des inquiétudes cruelles. L'agitation des districts manufacturiers, entretenue dans les salons des ladies et dans le club par les publications de la ligue du libre échange, dans la rue et dans le meeting par les philippiques de Cobden et de John Brigt, par John Russell dans la Chambre des communes, pouvait avec une apparence de raison évoquer le souvenir des mauvais jours des lois agraires.

Après deux années de répit, la détresse de 1845, une famine du treizième siècle dans une population du dix-neuvième siècle, dit John Russell, cité par Henri Richelot, devait donner le dernier coup de bélier à la législation des céréales, déjà tout en ruine. Pouvait-il en être autrement, quand d'un côté, portée pour ainsi dire par les vents de la mer du Nord, la voix frémissante d'O'Connell venait déposer au seuil de Westminster les plaintes de cette Irlande affamée que la maladie de la pomme de terre plongeait dans la plus affreuse détresse; que de l'autre, la foule hâve et souffrante sortie le soir de la fabrique pour demander du pain, d'une main montrait à la pairie d'Angleterre consternée les produits agricoles du continent impatients d'entrer dans le port de Londres, et de

l'autre écrivait sur les murs de la Chambre des communes :
Marchands de blés?

J'esquisse n'ayant pas le temps d'écrire, mais c'est l'histoire de l'Angleterre en 1845 et en 1846.

Penchez-vous sur la société française pour y trouver quelque chose d'analogue.

Là, l'aristocratie terrienne, assise au large, et prenant ses aises à l'abri d'une législation protectrice du patrimoine des grandes familles, et l'industriel devenu millionnaire, découpant par larges bandes la terre que les soldats de Guillaume le Conquérant se partageaient avec leur épée, étouffent, chacun d'un côté, la petite propriété sous la grande.

Chez nous la proposition se renverse ; le morcellement continue son œuvre. C'est la grande chose qui est en train d'être triée par la petite, et qui le sera dans un temps donné. Ce n'est plus l'exception qui possède, mais la masse. Il suit de là que toute législation qui entame le sol est un fait grave dans une nation de propriétaires, et l'amoindrissement de la valeur des terres et du revenu foncier peut devenir un ébranlement de la fortune publique.

L'agriculture a donc pour elle en France, dans la question des céréales, ce que l'industrie et le commerce avaient contre elle en Angleterre : la puissance du nombre. N'a-t-elle pas aussi celle de la raison et du bon sens?

En émancipant le commerce des grains, Robert Peel était dur pour le fermier, sans doute, mais il était inexorable pour lui-même, sachant d'avance que le bill de la liberté des céréales serait le dernier acte de sa vie politique et la condamnation du ministère tory; de plus, il était logique.

La liberté industrielle et commerciale se promenant sur la Méditerranée et l'Océan avec la flotte anglaise, la question agricole devait subir l'entraînement des idées générales.

Mais en France, quand la douane pèse et tarife le sac de guano à la Joliette ou sur le quai du Havre, quand le monopole est assis à côté de toutes nos industries dont il garde les issues, quand il veille à la porte de l'usine où se forge le fer de la bêche [1], à celle de la fabrique où se tisse la veste de l'agriculteur, est-ce bien le moment de retirer à ce dernier la protection de l'échelle mobile, et de lui conseiller, au nom d'une liberté commerciale dont il n'est plus le protégé, mais la victime, d'attendre pour vendre ses blés qu'il n'en reste plus au pacha d'Égypte dans les magasins de Marseille?

Si du moins une semblable mesure d'exception trouvait à se justifier dans les circonstances! Mais le pain à bon marché peut nourrir aujourd'hui tout le monde, à l'exception bien entendu de celui qui le produit.

Pour nous résumer, entre l'Angleterre, où l'offre manque à la demande, où le peuple agriculteur se perd dans la foule des marchands, où la population qui monte assure le débouché du produit, où la propriété terrienne presque tout entière à l'aristocratie du nom et du privilége ou a celle de l'argent, peut supporter sans inconvénient l'abaissement passager du revenu ;

Entre l'Angleterre, condamnée en matière de céréales par l'exiguïté relative du sol à l'importation forcée à perpétuité, ou à mourir de faim en matière d'industrie; ne craignant rien du libre échange, parce que ses manufactures couvrent de leurs produits tous les marchés du monde;

Entre l'Angleterre, à laquelle la supériorité de sa marine assure des marchés de grains toujours libres à Odessa comme à Alexandrie, sur les côtes de la Méditerranée comme sur les rives de la Baltique;

Et la France, terre de céréales, où la production moyenne déborde la demande, échiquier divisé à l'infini sur lequel vingt-deux millions d'ouvriers du sol trouvent leur case et devraient trouver leur salaire, pas de rapprochement possible.

---

[1] La consommation de l'agriculture en fer, dit M. Michel Chevalier, est tout à fait exiguë, et c'est une des causes de son infériorité.

La France ne doit pas d'ailleurs, comme on l'a dit, s'exposer à ce qu'une mauvaise récolte de son agriculture rebutée, et six mois de blocus maritimes, puissent rationner ses besoins.

C'est surtout, messieurs, en arrêtant votre pensée sur cette dernière considération qu'il sera facile à votre rapporteur d'établir que dans l'intérêt même du consommateur, la production des céréales a dans les années d'abondance besoin d'une protection contre l'invasion des blés étrangers.

Nous sommes avant tout un peuple de laboureurs, chez nous l'industrie et le commerce pourront être la source honorable de grandes fortunes privées ; mais c'est selon moi dans la division et le produit progressif de la terre que gît l'élément le plus sûr de la prospérité nationale.

C'est là que tout gouvernement porte ses regards quand il a besoin d'ordre et de sécurité. De nos jours, l'ouvrier de la campagne a de son bras robuste arraché des mains qui la brandissaient l'arme de la guerre civile; il a avec un bulletin de vote préparé l'empire. En remontant plus haut dans l'histoire, nous voyons tout ce qui doit avoir vie et force s'appuyer sur le sol.

Mais il est juste que l'agriculture qui assure à la société son existence collective, en mettant sa force à la disposition de l'ordre public, à l'individu son existence matérielle, en déposant ses produits sur le pavé des halles ou des abattoirs, obtienne le salaire légitime dû au travail, surtout si la production et la consommation sont rattachées au même nœud et liées par des intérêts similaires.

C'est ce qui nous fait dire que, dans l'intérêt du consommateur surtout, il faut au fermier un prix rémunérateur pour qu'il donne suite à son œuvre.

La denrée avilie fit le sol délaissé; il serait dangereux que, dans le débat qui nous occupe, la nation comprît trop tard que ses besoins sont en cause, et je tremblerai avec M. de Tramecourt pour les destinées du pays, quand l'agriculteur aura calculé que le prix de la vente étant inférieur à celui du prix de revient, la terre en friche peut être une opération commerciale comme une autre.

Il faut, en dehors des semences, de l'alimentation du bétail, des fournitures faites à la distillerie, etc., à la France par année cent millions d'hectolitres de blé pour qu'elle soit sûre de son pain quotidien. Je ne sache pas que l'importation libre en ait jamais, dans ces dernières années de misère, versé plus de sept millions en douze mois. Demanderez-vous le reste à l'agriculture que vous aurez par une concurrence impossible appauvrie et découragée?

L'importation libre, une ruine pour le fermier dans l'année d'abondance, un palliatif impuissant aux calamités des masses dans les années de disette, se chargera-t-elle de combler le déficit?

Nous l'avons vu au milieu des faits contemporains et dans la période difficile que nous venons de traverser, le libre échange a donné la mesure de ses forces, les statistiques dressées par ses apôtres établissent l'insuffisance de ses ressources, il est jugé en dernier ressort par ses actes.

Et notez que ses embarcations pouvaient charger en paix sur toutes les côtes, sillonner toutes les mers; que serait-ce, si, touchant un point mis en relief avec tant de raison par M. de Tramecourt, j'allais vous montrer le libre échange en présence d'un malentendu politique qui nous fermerait les ports des État-Unis, et le pain d'Alexandrie ou de Smyrne, n'arrivant sur nos marchés que sous la protection d'une escadre française?

Même dans les années d'abondance, le consommateur a donc un intérêt palpable à ce que la production nationale soit rétribuée pour qu'elle continue à être suffisante.

Je ne renouvellerai pas une observation fondée sans doute, mais banale à force d'avoir été faite. C'est qu'avec des intérêts opposés en apparence, l'industrie et l'agriculture sont solidaires, le produit manufacturé ayant besoin, pour sortir de l'usine, que le blé vienne au marché sous des conditions rémunératrices. J'ajouterai que, dans cette obligation synallagmatique et ce contrat de réciprocité, sa prospérité commerciale dans le sens ordinaire du mot est soumise à des nécessités plus étroites, en ce sens que le laboureur gêné peut ne décider la question d'un habit ou d'un chapeau à rajeunir qu'après l'avoir soumise au préliminaire d'une temporisation sage, tandis que le morceau de pain et le pot-au-feu de l'artisan ne s'ajournent pas à huitaine.

Si l'utilité d'une législation protectrice en matière de céréales, telle que l'échelle mobile, par exemple, peut se prouver en se plaçant au point de vue du consommateur, elle me paraît incontestable à celui de l'intérêt de la production, et, chose étonnante, il n'y a rien de plus controversé sous le soleil. Je trouve néanmoins un chiffre sur lequel tout le monde est d'accord. C'est que, même en année de rendement favorable, le prix du blé pour être rémunérateur doit s'élever en France de 20 à 21 fr. l'hectolitre. Au-dessus pour le consommateur la cherté commence, au-dessous le producteur est en perte.

Cette donnée admise, si le prix rémunérateur en Égypte ou à New-York, soit à cause des facilités locales pour l'acquisition ou le fermage, soit à raison du peu d'exigence de la main-d'œuvre, peut être fixée de 12 à 15 fr. l'hectolitre, l'entrée en franchise à Marseille des produits agricoles des rives du Nil ou du Mississipi m'explique très-bien la satisfaction du vendeur américain et du Fellaz, mais le fermier de Beauce me paraît moins convaincu.

Que la crise agricole actuelle tienne en partie à des causes étrangères, à l'absence d'une loi protectrice, je le veux bien; mais l'entrée en franchise de neuf millions d'hectolitres de blé depuis vingt mois n'est cependant pas, que je sache, un fait de nature à enrayer le mouvement en baisse des céréales. L'effet matériel fût-il arrêté, l'effet moral continue, l'impulsion donnée, et le cours des denrées fût-il à Odessa plus élevé qu'à côté de vous ; à Troyes, le producteur ne joue guère à la hausse avec les marchands de blé que le moindre vent de reprise fait tourner vers la mer Noire.

En désespoir de cause, on conseille à l'agriculture de modifier le sens de son action, d'étendre brusquement la sole des fourrages et des plantes industrielles aux dépens de la sole destinée aux céréales, de remplacer le froment par l'alcool ou l'huile, produits plus avantageux à la vente.

Mais la France ne peut changer en un jour les conditions économiques de sa culture. La nature du terrain refuse énergiquement de se prêter partout à ces métamorphoses.

Il faut bien laisser ses tabacs en ligne à l'Alsace, ses plaines galonnées de betteraves au nord de la France, où l'usine à fabriquer le sucre et la distillerie sont les annexes de la ferme. L'exploitation assise sur un sol médiocre tourne avec raison le dos à ces merveilles, et vanne ses blés de semence à la vérité moins peut-être en vue des grains que de la paille, ce principal élément de son système d'engrais.

C'est donc avec raison que M. de Tramecourt interdit la culture industrielle au laboureur de Champagne, séparé qu'il est de la craie par une mince couche arable, sur laquelle trop souvent renouvelée la prairie artificielle elle-même hésite à prendre, et se détruit rapidement.

C'est cependant dans ces conditions qu'on nous dit encore faites moins de grains, plus de bestiaux. Encore une idée d'importation anglaise et datant de la réforme, juste peut-être sur les bords de la Tees et dans les étables opulentes des frères Collins, des Jonas Webb ou de Mechi, vraie dans un pays d'herbages, de population concentrée habituée au régime de la viande, où le durham et le dishley graissent vite et se vendent cher, mais fausse sur les bords de la Barse et dans les écuries de nos fermiers appauvris, obligés, par la cherté des fourrages et le bon marché du blé russe, de vendre la génisse d'élevage pour le maréchal et le bourrelier, et la meilleure vache pour payer le prix du fermage.

S'il résulte de ce qui précède que tant que la science économique n'aura pas prouvé au dernier de nos paysans en
sabots que, dans des conditions égales de superficie et de
fertilité, un champ coûte aussi cher à l'acheteur ou au fermier sur les rives du Danube et du Volga que dans les clos
de son village, instruit qu'il est, d'une part, que le serf russe,
hier affranchi du knout, travaille une semaine complète pour
les trois francs de la journée de nos manœuvres ;

Apprenant de l'autre que la construction du réseau du
chemin de fer moscovite et le progrès de la navigation par
la rapidité et le bon marché des arrivages, font un lac français de la mer d'Azof et d'Archangel, un appendice des gre-
niers de la Brie, la production fermera l'oreille au sophisme
du libre échange.

En un mot, le prix rémunérateur du blé fixé à 20 ou
21 fr. l'hectolitre, nous voulons avec les auteurs de l'échelle
mobile, à mesure que le cours monte au-dessus du chiffre
accepté comme niveau, l'importation progressivement dé-
grevée, l'importation paralysée dans la même mesure, dans
l'intérêt des masses. Mais, quand la denrée encombre le marché, que le prix de vente est inférieur à l'avance des débour-
sés, que l'agriculture souffre, il serait à désirer, je crois, que
la législation fit monter la garde non à la sortie des grains,
mais à leur entrée ; on donnerait pour mot d'ordre à cette
sentinelle avancée : subsistance assurée à la consommation,
aisance garantie à l'agriculture.

Décembre 1858.

COMICE AGRICOLE DE CRAON.

(MAYENNE.)

DÉLIBÉRATION.

Considérant que notre immense population ne peut, sans péril, mettre sa subsistance à la merci des flottes étrangères, et que, par conséquent, la France doit avant tout pourvoir elle-même à sa nourriture ;

Qu'en présence de l'augmentation du prix de main-d'œuvre et des charges de toute nature plus considérables en France qu'en beaucoup d'autres pays, il nous est impossible de produire des blés à aussi bas prix que ces autres États, que ceux notamment baignés par la mer Noire et la Méditerranée.

Le Comice agricole de Craon est d'avis que la production en France des céréales soit protégée, comme toute autre production nationale indispensable à la prospérité, à l'indépendance et à la sûreté de notre patrie, au moyen d'une législation stable, à l'abri de l'arbitraire, qui assure l'exportation quand les blés ne sont pas à un trop haut prix, et interdise leur importation quand ils sont, comme aujourd'hui, au-dessous de celui de revient ;

Il demande en outre que la quatrième classe ou zone d'importation et d'exportation soit assimilée à la troisième, qui est absolument dans les mêmes conditions productives que la nôtre.

La présente délibération sera adressée à Son Excellence le Ministre de l'agriculture et du commerce, ainsi qu'à MM. les Conseillers généraux du département.

Pour copie conforme,

Le président,

A. LECLERC.

Le secrétaire,

F. TOYSONNIER.

COMICE AGRICOLE DE LAON.

DÉLIBÉRATION.

Le Comice agricole de Laon, prenant en considération la proposition faite par son président, ainsi formulée :

L'intérêt de l'agriculture demande-t-il que le commerce des blés, sous le rapport de l'importation et de l'exportation, soit régi par un droit d'entrée et de sortie fixe ou proportionnel, ou que ce commerce ne soit assujetti à aucun droit ?

Après avoir entendu plusieurs de ses membres :

Considérant que non-seulement l'agriculture nourrit

la nation, mais encore qu'elle entretient le mouvement commercial et la vie industrielle, qu'elle a droit, en conséquence, à la protection la plus étendue de la part de l'État ;

Considérant que l'agriculture française, par suite de l'avilissement du prix du blé, est dans un état de souffrance sur lequel il importe d'appeler l'attention du gouvernement ;

Considérant que le provisoire, dans les décrets administratifs qui ont régi le commerce des grains depuis plusieurs années, ne donne ni au commerce ni aux cultivateurs la sécurité nécessaire pour asseoir sur des bases suffisamment sûres leurs opérations respectives ;

Considérant que l'agriculture française ne peut pas encore lutter par l'abondance des produits avec des nations voisines ou éloignées, les unes, comme l'Angleterre, produisant beaucoup, par suite d'améliorations commencées de longue date ; les autres, comme la Russie, pouvant produire à bien meilleur compte, par suite d'une grande différence dans le prix de la main-d'œuvre et des impôts ;

Considérant que le système de la liberté absolue du commerce des grains, en dehors de tout droit protecteur, n'est pas en rapport avec les conditions actuelles de l'agriculture en France, par suite des charges de toute nature qui pèsent sur elle et des difficultés d'action qui l'entravent ;

Considérant, eu égard à la variation inévitable du prix du blé, qu'un droit fixe serait trop faible dans les moments de l'avilissement des prix, trop fort dans les moments de cherté, impopulaire dans les moments de disette ;

Considérant que le système de l'échelle mobile, suspendue depuis plusieurs années, paraît être celui qui sauvegarde le mieux les intérêts agricoles et la sécurité de l'alimentation publique ;

Le Comice émet le vœu que le commerce des céréales soit de nouveau régi par une législation stable et permanente comportant :

1° Exportation libre, tant que le prix du blé ne dépassera pas un taux déterminé par la convenance d'approvisionnement de la nation, qui ne devra pas être dégarnie en temps de disette, au profit d'une nation voisine venant acheter à tout prix.

2° Droit protecteur à l'importation, variable suivant le cours du blé et suivant les zones territoriales, auxquelles l'expérience du passé pourrait apporter des modifications, ainsi qu'à toute réglementation de détails pratiques de l'ancienne échelle mobile ; les changements considérables qui se sont produits dans les relations internationales et intérieures depuis l'établissement des chemins de fer et des lignes télégraphiques devant motiver des modifications.

La présente délibération devra être adressée à M. le Préfet pour être transmise à M. le Ministre de l'agriculture.

Le président du Comice agricole de Laon,
M. DE LA TOUR DU PIN CHAMBLY.

COMICE AGRICOLE DE DOUAI.

DÉLIBÉRATION.

Considérant que les décrets du 22 septembre 1857 et du 2 octobre 1858 ont conduit, pour les prix des céréales, à un avilissement que l'augmentation des salaires et l'infériorité de nos récoltes rendent d'autant plus désastreux pour nos campagnes;

Que, sous la protection de l'échelle mobile, la culture des blés a été se développant d'une manière régulière au point d'avoir doublé sa production en quarante années;

Qu'on est en droit d'attendre sous la même protection la suite des mêmes progrès, surtout par l'élévation des moyennes de rendement qui n'approchent pas encore du maximum en France, comme elles en approchent dans d'autres contrées, cette élévation ne pouvant être obtenue qu'autant que la culture des blés suffisamment protégée continuera d'être faite avec amour;

Que l'industrie agricole est l'industrie de vingt-cinq millions de Français, ayant encore beaucoup de progrès à faire avant d'avoir pris l'habitude des bonnes pratiques pour se présenter forte et puissante devant la concurrence;

Que le droit fixe, proposé par les adversaires de

l'échelle mobile, est un instrument d'une efficacité douteuse, n'ayant pas la sanction de l'expérience et ne devant pas être substitué à l'échelle mobile avant d'avoir demandé à celle-ci tout ce qu'elle peut donner de protection à la fois à l'agriculture, aux consommateurs et au commerce;

Considérant d'ailleurs que l'agriculture et le commerce ont eu également à souffrir du caractère provisoire et temporaire de tous les actes qui ont régi le commerce des céréales depuis six ans,

Émet le vœu :

Que le commerce des céréales soit de nouveau régi par une législation stable et permanente;

Que l'échelle mobile soit rétablie;

Qu'il soit apporté à cette échelle mobile toutes les modifications suscitées par l'expérience et par l'état actuel des rapports commerciaux.

Le secrétaire, VASSE.

SOCIÉTÉ D'ÉMULATION DE LISIEUX.

DÉLIBÉRATION.

La Société d'Émulation de l'arrondissement de Lisieux, dans sa séance du dimanche 27 février, après avoir pris connaissance d'une lettre de M. Target, son honorable président, relative au maintien ou à la suppression de l'échelle mobile appliquée à l'agriculture, a émis le vœu :

Que le commerce des céréales soit réglementé par une législation stable et permanente ;

Que la loi à intervenir, tout en maintenant la liberté d'exportation pour, en cas d'abondance, assurer des débouchés à l'excédant de nos récoltes, perçoive à l'importation un droit protecteur, qui serait établi après chaque récolte, et rendu complétement fixe jusqu'à la récolte suivante.

De la discussion soulevée dans le sein de la Société, il est résulté cette pensée, commune à tous les membres présents, que le libre échange appliqué à nos céréales aurait les conséquences les plus désastreuses, au double point de vue de la production générale et de l'alimentation publique ;

Que l'État doit, avant tout, encourager l'agriculture, la première et la plus importante des industries françaises, et qu'il ne peut le faire efficacement que par des droits protecteurs, des réserves très-larges étendues à toutes les communes de l'empire, et, peut-être, par des primes aux cultivateurs qui, dans les années d'abondance, emmagasineraient une certaine quantité de grains : ces primes seraient variables selon les quantités conservées, en prenant comme point de départ le chiffre de 25 hectolitres.

Extrait du procès-verbal de la séance.

Le vice-président, FOURNET.

Le secrétaire, A. CORBIÈRE.

COMICE AGRICOLE DE LOCHES.

EXTRAIT DU PROCÈS-VERBAL

DE LA SÉANCE DU 2 MARS 1859.

Le Comice agricole de l'arrondissement de Loches, justement alarmé des souffrances de son agriculture, aggravées par les énormes charges qu'elle supporte déjà, auxquels vient s'adjoindre l'augmentation des salaires ;

De la restriction des ensemencements en céréales que l'avilissement de leur prix menace de rendre plus considérable l'an prochain, et qui pourrait dans l'avenir porter atteinte à l'alimentation publique ;

Convaincu qu'une protection est indispensable à l'agriculture ;

Émet le vœu à l'unanimité :

1° Que cette protection soit tout à la fois mobile, comme l'intérêt qu'elle est appelée à couvrir, et stable comme les besoins auxquels elle doit pourvoir ; défendant autant qu'il est possible le consommateur contre l'exagération des prix, et le producteur contre leur avilissement ;

2° Que la loi du 15 avril 1832, excellente dans son principe, soit maintenue, sauf à être révisée dans la réglementation pratique de l'échelle mobile, qui réclame des perfectionnements de détail indiqués par une expérience de quarante années, particulièrement en ce qui concerne l'établissement des classes.

La présente délibération sera adressée à Son Excellence le Ministre de l'agriculture et du commerce.

Pour le président absent,

Le vice-président,

R. Tétard

COMICE AGRICOLE DE SAINT-DIÉ

(VOSGES.)

EXTRAIT DU REGISTRE DES DÉLIBÉRATIONS.

SÉANCE DU 6 FÉVRIER 1859.

M. le président donne ensuite lecture d'une brochure émanant de la Société centrale d'agriculture de Nancy, et traitant de la question du libre échange au point de vue agricole, et notamment au point de vue de l'échelle mobile.

« Cette question traitée par la Société centrale, ajoute « M. le président, est digne de tout l'intérêt du Comice.

« Placées dans des conditions bien plus favorables

« que la France sous tous les rapports de fertilité, du
« prix de main-d'œuvre, du taux de la rente, les autres
« contrées peuvent lui fournir à prix très-réduits les
« denrées alimentaires. Faciliter l'importation de leurs
« produits en concurrence avec l'agriculture française,
« c'est tuer celle-ci au profit de nos voisins, c'est le
« libre échange sans aucune compensation possible.

« Je vous propose donc, messieurs, de signaler le
« dix-neuvième anniversaire de notre première réunion
« en appuyant *chaleureusement* la délibération de la
« Société centrale de Nancy portant le vœu :

« Que le commerce des céréales soit de nouveau régi
« par une loi fixe et permanente, et que cette loi soit
« celle du 15 avril 1832, modifiée suivant les besoins
« de l'agriculture française. »

Le Comice agricole de l'arrondissement de Saint-Dié
appuie énergiquement les conclusions du rapport fait
à la Société de Nancy et s'associe de tout cœur aux
pensées généreuses et patriotiques qui ont dicté le vœu
qu'elle vient d'émettre.

Ont signé pour le bureau :

Le président,
BLONDIN.

Le secrétaire,
HENRI BARDY.

Pour extrait conforme :
Le secrétaire du Comice,
H. BARDY.

CHAMBRE CONSULTATIVE D'AGRICULTURE

DE SAINT-QUENTIN (AISNE).

EXTRAIT DE LA SÉANCE

DU 22 JANVIER 1859.

Un membre appelle l'attention de la Chambre sur la situation pénible où se trouve l'agriculture par l'effet de l'avilissement de prix qui frappe ses principales denrées, notamment les blés, dont le cours est tombé au-dessous du prix de revient.

« Une pareille situation, dit-il, est fâcheuse au point de vue des intérêts généraux, parce qu'en privant de revenus une partie de la population, elle restreint l'essor de la richesse et de la consommation publiques, et rejaillit ainsi sur toutes les autres industries. Sous un autre rapport, cette situation est même dangereuse, parce que, si elle persiste, elle portera le cultivateur à diminuer la culture des céréales, qui le constitue en perte, et que cette réduction d'assolement aura pour effet certain de ramener prochainement une nouvelle disette.

« L'avilissement actuel des cours est-il le résultat forcé d'un trop-plein considérable? Ni le commerçant ni le producteur ne le pensent. Ils y voient principalement l'effet de la situation exceptionnelle et par trop précaire faite au commerce des céréales.

« En prenant les denrées, là où elles sont à bas prix, pour les transporter où elles sont chères, le commerce tend à régulariser et à niveler les approvisionnements, et, par cela même, à renfermer dans des limites plus étroites les variations du cours des grains. Son action procure donc le bien général, et il est d'une bonne politique de ne pas la contrarier; mais, comme cette action n'est guidée que par l'espoir d'un bénéfice, elle s'arrête nécessairement devant les chances contraires ou menaçantes.

« Le régime fait en France au commerce des céréales lui donne-t-il la confiance, la sécurité indispensables pour entreprendre ces opérations longues et hasardeuses qui doivent tantôt nous débarrasser d'un trop-plein, tantôt prêter à notre pénurie les secours de l'abondance étrangère?

« Évidemment non. Les chances inhérentes aux opérations commerciales sont aggravées chez nous par l'instabilité de la législation.

« Des tarifs qu'un décret peut changer sont une base trop mouvante pour qu'un négociant y appuie ses spéculations.

« L'échelle mobile elle-même (quand elle fonctionnait intégralement) offrait dans ses variations inévitables une menace permanente qui suffisait pour entraver le commerce.

« Outre ce grave défaut, l'échelle mobile a encore celui de n'agir qu'après coup; par exemple, de n'ouvrir la barrière à l'importation qu'après que l'élévation de nos cours a déjà révélé nos besoins et surexcité les prétentions des vendeurs étrangers.

« Trente ans d'expérience ont prouvé d'ailleurs que l'échelle mobile est aussi insuffisante à prévenir les variations extrêmes des cours qu'à régulariser les approvisionnements.

« Il y a donc lieu de demander la suppression définitive de ce mécanisme compliqué, dans les oscillations duquel le commerce a toujours vu une menace et une entrave ; et, dans l'intérêt du consommateur et du producteur, il importe de réclamer l'établissement d'une législation plus fixe et permanente.

« En ouvrant un champ libre et sûr aux spéculations, une législation fixe peut seule ramener au commerce des céréales les négociants sérieux et les capitaux prudents qui s'en éloignent, et dont la désertion contribue à produire la stagnation actuelle des affaires et l'avilissement des cours.

« En général, les lois sur les céréales ont un double but, assurer l'approvisionnement et régulariser les cours.

« La mesure excellente mais trop restreinte des réserves de la boulangerie répond à une partie de ce programme.

« Le complément de cette mesure serait une législation dictée par la pensée d'inspirer toute sécurité au commerce, et de lui procurer toutes facilités tant pour son action intérieure et extérieure que pour l'emmagasinage de grands approvisionnements dans les ports. Ce n'est que par ces moyens que nous arriverons enfin à avoir un commerce de céréales à la hauteur de nos besoins et à la hauteur de celui des nations voisines ; en un mot, un commerce assez puissant pour dominer, par son action large et incessante, les avidités de la spéculation ou les puériles émotions des consommateurs.

« J'appelle sur cette proposition toute l'attention de la Chambre. »

Après cet exposé, une discussion s'engage, à la suite de laquelle la Chambre prend la délibération suivante :

La Chambre,

Considérant que la variabilité des tarifs est un obstacle au développement du commerce des céréales ; — que l'expérience faite du système de l'échelle mobile a démontré, contre l'attente de ses auteurs, qu'il était aussi impuissant à protéger les intérêts des consommateurs que ceux des producteurs ; — et qu'avec l'organisation des réserves par la boulangerie, le meilleur moyen d'assurer l'approvisionnement et d'encourager la production lui semble consister dans des facilités plus grandes et une entière sécurité procurées au commerce,

Émet le vœu :

Que le gouvernement veuille bien faire étudier le projet d'une législation fixe pour les céréales.

Pour copie conforme :

Le secrétaire de la Chambre d'agriculture
de Saint-Quentin,

Ch. Gomart.

COMITÉ CENTRAL D'AGRICULTURE DE LA COTE-D'OR.

DÉLIBÉRATION.

Le Comité central d'agriculture de la Côte-d'Or, dans sa séance du 6 mars 1859, sur le rapport de la Commission chargée de l'étude de la question des céréales, a adopté à l'unanimité les conclusions suivantes :

Considérant que, sous le régime protecteur de l'échelle mobile, l'agriculture a répondu aux besoins toujours croissants de la consommation en France par une augmentation tellement rapide dans la production du blé, que l'importation en a été réduite à une moyenne annuelle de un million d'hectolitres environ ;

Considérant que cette situation, qui a une immense portée pour la sécurité du pays, en rendant son alimentation indépendante de l'action étrangère, a été obtenue sans nuire aux consommateurs, les céréales leur ayant été livrées à un prix généralement peu élevé ;

Considérant que la garantie de la vente de leurs produits à un prix rémunérateur est indispensable aux cultivateurs pour qu'ils continuent les améliorations qu'ils ont entreprises et pour qu'ils élèvent le salaire de leurs manœuvriers de manière à arrêter autant que possible l'émigration des habitants des campagnes vers les villes ;

Considérant que, sous la protection de l'échelle mobile, le prix moyen de l'hectolitre de blé, qui n'a pas dépassé 19 fr. 50 c., ayant été souvent insuffisant pour rémunérer l'agriculture, elle doit redouter les funestes conséquences d'une nouvelle législation qui amoindrirait la valeur des céréales ;

Considérant qu'il est parfaitement reconnu que l'agriculture est l'une des sources les plus puissantes et les plus invariables de la richesse publique ; que ses souffrances, soit qu'elles proviennent d'un avilissement dans le prix du blé, soit qu'elles résultent d'un renchérissement excessif, porteraient en même temps la perturbation dans le commerce et dans l'industrie ;

Considérant que l'échelle mobile peut, mieux que toute autre mesure, maintenir le prix des céréales dans une moyenne satisfaisante pour toutes les classes de la société ;

Considérant, enfin, que l'augmentation récemment exigée dans l'approvisionnement de la boulangerie ne peut produire qu'une hausse momentanée dans le prix de vente du blé et qui ne peut être un peu sensible pour l'agriculture de la France que dans l'hypothèse d'un prompt établissement de l'échelle mobile ;

Par tous ces motifs,

Émet le vœu :

Que l'échelle mobile soit établie à titre permanent et qu'elle garantisse aux produits agricoles un prix rémunérateur;

Laissant à la prudence du gouvernement le soin d'apporter dans son organisation primitive les modifications que l'expérience, les nouvelles voies de communication et les changements survenus dans la constitution économique de quelques départements ont pu rendre nécessaires.

Pour extrait conforme :

Le secrétaire du Comité,

GENRET-PENOU.

RAPPORT SUR LA DÉLIBÉRATION QUI PRÉCÈDE.

Messieurs,

Vous avez confié à une Commission prise dans votre sein le soin d'étudier la proposition qui vous a été faite depuis longtemps de formuler votre opinion sur les mesures qui peuvent le mieux répondre aux besoins de l'agriculture en ce qui concerne les droits imposés sur les céréales à leur importation et à leur exportation. Les nombreux membres de cette Commission ont tenu plusieurs séances pour discuter les diverses questions que cette étude comporte, et, après un mûr examen, ils ont adopté la conclusion et les motifs à l'appui que je vais avoir l'honneur de vous soumettre en leur nom.

Un premier point a été unanimement admis dans la discussion : c'est qu'en France l'agriculture, l'industrie et le commerce se lient de la manière la plus intime pour contribuer au développement de la prospérité du pays.

Que l'agriculture soit en souffrance, les 18 millions de bras qu'elle emploie s'imposent forcément des privations, et aussitôt le commerce languit et l'industrie restreint sa fabrication. Il est en effet incontestable et de notoriété publique que pendant les années d'abondance, lorsque le prix des céréales est le plus bas, les transactions commerciales sont les plus faibles. Il n'est pas moins évident qu'un prix excessif du blé entraînerait à sa suite des perturbations dans toutes les transactions et engendrerait des souffrances dans les campagnes aussi bien que dans les villes.

Le bien-être de toutes les classes de la société dépend donc de la possibilité du maintien du prix du blé à un taux moyen et suffisamment rémunérateur pour les diverses contrées qui le produisent.

Tel est le but que le législateur s'est proposé en établissant l'*échelle mobile*, qui impose aux blés étrangers des droits d'entrée d'autant plus considérables que le prix du blé est moins élevé en France, et qui fixe des droits d'exportation qui augmentent avec la valeur du blé produit sur notre sol.

Mais l'échelle mobile, qui a fonctionné pendant de longues années, a-t-elle donné les résultats que l'on en attendait? Par son système protecteur a-t-elle conduit les cultivateurs à négliger les efforts qu'ils doivent faire pour élever la production des céréales au niveau des besoins toujours croissants de la consommation? Et, comme conséquence, le prix du blé a-t-il été trop élevé et l'importation a-t-elle été considérable?

Votre Commission a eu sous les yeux des statistiques qui répondent victorieusement à ces questions, car elles établissent que la production du blé, qui était en France de 59,000,000 d'hectolitres en 1815, a été augmentée d'année en année de manière à arriver, en 1847, à 97,000,000 d'hectolitres.

Que le prix moyen de l'hectolitre de blé pendant cette même période d'années n'a pas dépassé 19 fr. 50 c.;

Que l'importation des blés étrangers n'a fourni à notre consommation qu'une moyenne annuelle de 1,000,000 d'hectolitres environ.

Ainsi donc, messieurs, constatons ces faits capitaux dans la question que nous étudions :

C'est que, sous la protection de l'échelle mobile, l'agriculture a fait en France d'immenses progrès ;

C'est que, généralement, elle a répondu aux besoins de la consommation, et qu'ainsi elle a évité au pays la perte des nombreux millions que nous enlèverait une importation considérable ;

C'est que, par ses labeurs incessants, par ses travaux conçus et exécutés avec intelligence, elle a livré aux consommateurs le blé à un prix généralement peu élevé ;

C'est que par elle, enfin, la France ayant obtenu, ce que d'autres nations lui envient, une entière sécurité pour son alimentation, il est urgent de conserver précieusement cette situation, qui lui donne force et indépendance vis-à-vis de l'étranger.

Nous comprenons que l'Angleterre, qui se repose sur sa puissance maritime pour assurer son approvisionnement, même en temps de guerre, ait donné toute liberté à l'importation ; mais serait-il sage de placer aussi la France sous la protection presque exclusive de sa marine, lorsqu'elle peut, avec la plus complète sécurité, puiser dans son propre sein, quels que soient les événements, tous les éléments de sa force et de sa prospérité? Nous ne le pensons pas. Pouvons-nous, d'autre part, lutter de bon marché dans la production des céréales avec certaines nations où la main-d'œuvre est à vil prix? Votre réponse n'est pas douteuse ; vous affirmerez que nous nous félicitons du bien-être répandu dans nos campagnes, mais que les besoins qu'il y a créés exigent impérieusement un salaire élevé aussi bien que pour le commerce et l'industrie, qui, de leur côté, ont obtenu une large et féconde protection par des mesures gouvernementales.

Nous ne saurions donc trop redire que les plus grands intérêts du pays reposent sur la prospérité de l'agriculture, et que la protection qui lui a été accordée ne pourrait être retirée sans dommages pour les villes aussi bien que pour les campagnes.

Nous n'hésitons pas, d'ailleurs, à reconnaître que certaines modifications ont pu devenir nécessaires dans quelques détails de l'échelle mobile, soit parce que nos grandes voies de communication ont été améliorées, soit encore parce que la constitution économique de plusieurs de nos ports de mer et de nos départements du littoral a elle-même subi d'importants changements. Mais votre Commission ne doit pas vous laisser ignorer qu'une législation nouvelle, qui aurait pour résultat une baisse permanente sur le prix des céréales, serait reçue avec douleur et découragement par les cultivateurs. Sous le régime de l'échelle mobile, l'agriculture a même assez souvent supporté des pertes que les prix trop faibles des céréales lui ont fait éprouver; et si elle n'a pas succombé, elle le doit à une sévère économie et même à de nombreuses privations qu'elle a su s'imposer. Mais les nouvelles charges qui s'accroissent rapidement pour elle, et notamment la nécessité d'élever le salaire des nombreux ouvriers qu'elle emploie, seraient au-dessus de ses forces, si en même temps un prix suffisamment rémunérateur pour ses produits ne lui était pas assuré. Les esprits sérieux comprennent parfaitement d'ailleurs que l'agriculture peut, mieux que toute autre institution, combattre avec énergie le malheureux entraînement des habitants des campagnes vers les villes.

Que les cultivateurs soient mis en mesure de rétribuer leurs auxiliaires dans la proportion des avantages que leur offrent le commerce et l'industrie, et leur bonne volonté, tout aussi bien que leur propre intérêt, ne leur laisseront pas un moment d'hésitation pour atteindre ce but vivement et sincèrement désiré; car ils savent que les pays dans lesquels la main-d'œuvre s'avilit sont promptement frappés de déchéance.

Que si, au contraire, une législation nouvelle venait leur enlever la protection qui leur est nécessaire, fatigués de leurs efforts impuissants, manquant de confiance dans l'avenir, ils se verraient forcés d'abandonner les travaux améliorateurs qui exigent du temps et des avances de capitaux, ils occuperaient moins de bras, et le flot déjà si menaçant de l'émigration des campagnes se précipiterait plus rapide et plus envahissant vers les villes.

Votre Commission ne croit pas nécessaire de développer plus longuement devant vous les motifs qui l'ont portée à regarder le principe de l'échelle mobile comme la sauvegarde de l'agriculture.

Elle ne vous parlera pas des dangers, pour l'agriculture, d'un droit fixe sur l'importation du blé, car ce droit ne lui serait pas utile dans les années d'abondance, et son adoption, qui d'ailleurs ne donnerait satisfaction à aucun intérêt, ne pourrait jamais être maintenue en présence d'un renchérissement considérable qui deviendrait l'occasion de récriminations contre le gouvernement.

Elle ne s'arrêtera pas non plus à vous entretenir de l'augmentation de réserve exigée de la boulangerie, puisque cette mesure ne peut évidemment être considérée que comme un palliatif d'un effet momentané, et que nous aurions peut-être même le droit de la considérer comme nuisible à l'agriculture si l'échelle mobile n'était pas admise.

Votre Commission terminera son rapport en vous proposant d'adopter le projet de délibération que je vais avoir l'honneur de vous soumettre, et en vous priant de décider que le vœu que vous aurez émis soit transmis au gouvernement, qui entoure l'agriculture de toute sa sollicitude.

COMICE AGRICOLE DE VENDOME.

EXTRAIT DU REGISTRE DES DÉLIBÉRATIONS

SÉANCE DU 6 MARS 1859.

19° La section du Comice pour le bas Vendômois a émis le vœu, dans sa dernière réunion du mois de décembre dernier, que la législation sur les céréales, quant à l'importation et à l'exportation, fût améliorée dans l'intérêt des cultivateurs.

Le Comice,

Considérant que l'état de souffrance dans lequel se trouve l'agriculture, par suite du bas prix des céréales, prix qui est au-dessous du chiffre de revient aux cultivateurs, a dû nécessairement, par sa persistance, appeler l'attention des producteurs et du gouvernement;

Considérant que, d'un côté, des observations nombreuses ont été formulées dans des délibérations des Chambres consultatives, des Comices et des Sociétés d'agriculture, lesquelles ont mis plusieurs systèmes en présence, notamment le rétablissement permanent de l'échelle mobile, la modification de ce principe avec des droits protecteurs, enfin la liberté absolue du commerce des grains.

9

Considérant que, d'un autre côté, le gouvernement a fait préparer un projet de loi sur cette matière, lequel est en ce moment soumis à l'examen du conseil d'État, qui a ordonné des enquêtes préalables;

Considérant que le département de Loir-et-Cher a toujours été mis en dehors des différentes zones déterminées par la loi qui a constitué d'une manière définitive l'échelle mobile et les différentes modifications qu'elle a subies depuis; que, par conséquent, ce n'est que d'une manière indirecte qu'il a pu en apprécier l'application et les effets;

Considérant que, dans un tel état de choses, il ne semble pas urgent au Comice de se prononcer pour l'un ou l'autre système; qu'il lui paraît plus sage de se borner à signaler l'état de souffrance de l'agriculture, les pertes permanentes qui en résultent pour les cultivateurs, et à supplier le gouvernement d'aviser le plus promptement possible aux moyens de mettre fin à cet état de gêne.

Adopte le vœu émis par la section du Comice du bas Vendômois.

Le président du Comice,
MARTELLIÈRE.

SOCIÉTÉ D'AGRICULTURE DE SAINT-POL.

DÉLIBÉRATION.

L'an mil huit cent cinquante-neuf, le quinze mars, à onze heures du matin, la Société d'agriculture de l'arrondissement de Saint-Pol (Pas-de-Calais), s'est réunie en séance extraordinaire sur la convocation de M. le Président, pour délibérer sur la question des droits sur les grains à l'importation et à l'exportation.

M. le Président déclare la séance ouverte, et annonce que M. le sous-préfet, à la demande duquel la séance du sept du présent mois avait été ajournée à ce jour, n'y assistera pas; l'assemblée ne pourra donc prendre connaissance des documents relatifs à la libre importation des céréales dont M. le sous-préfet avait promis de donner communication.

La Société d'agriculture, après en avoir délibéré, et après avoir entendu lecture d'un mémoire sur la question faite par un de ses membres,

Considérant que la suspension de la loi en vigueur sur l'importation et l'exportation des céréales a produit un avilissement de prix qui met le cultivateur dans un état de souffrance, auquel il importe de porter remède;

Considérant que la richesse de la France est spécialement et avant tout dans son sol, que les deux tiers de sa population se composent de cultivateurs, et que protection doit être accordée à cette partie la plus nombreuse du peuple français ;

Considérant que la loi actuelle a pour elle une expérience de plus de quarante ans, et qu'elle a suffi pour protéger l'agriculture et donner toute garantie aux consommateurs ;

Considérant qu'il importe au cultivateur d'avoir une règle fixe, une loi immuable qui le préserve des changements brusques et imprévus;

Considérant que l'intérêt du consommateur comme celui du producteur est de maintenir la culture dans un état prospère, parce qu'elle est la source de l'alimentation publique dans tous les temps, et la seule en cas de guerre et de disette;

Considérant qu'un droit fixe ne peut convenir à l'importation et à l'exportation des denrées alimentaires, qu'il leur faut un droit mobile comme leur prix, qui protége le cultivateur sans peser sur le consommateur.

La Société d'agriculture émet le vœu que le commerce des céréales soit réglé par une loi fixe et immuable, elle pense que la législation actuelle, hors certains cas très-rares et tout à fait exceptionnels, suffit à tous les besoins, pourvu qu'elle ne soit pas arrêtée dans son exécution;

Que si cependant on lui substitue d'autres lois, elles doivent être basées sur le double principe : 1° D'un droit protecteur à l'importation qui variera selon le prix du froment ; 2° liberté de l'exportation avec des droits variables pour protéger le consommateur, liberté qui ne pourra être arrêtée que lorsque les prix seront devenus trop élevés, cas prévu et indiqué par la loi,

La Société d'agriculture prie M. le Président d'adresser la présente délibération à M. le Ministre d'agriculture, du commerce et des travaux publics, au Sénat, à M. le Préfet, au conseil d'État, et de joindre le mémoire dont elle a entendu la lecture à l'expédition envoyée au Sénat, sous forme de pétition.

Fait à Saint-Pol, les jours, mois et an susdits.

Pour expédition conforme,

Le secrétaire de la Société d'agriculture de Saint-Pol,

DEVAUX.

RAPPORT SUR LA DÉLIBÉRATION QUI PRÉCÈDE.

Il faut aux peuples agriculteurs une législation protectrice, et cependant il faut aussi que, tout en sauvegardant l'intérêt du producteur, elle veille à celui du consommateur.

S'il en est autrement, l'agriculture souffrira, elle produira moins, et la source une fois tarie ne pourra plus alimenter le consommateur.

En ce moment le cultivateur qui ensemence son champ en blé est en perte ; nous allons le démontrer.

Pour obtenir un hectare de blé, il en coûte en moyenne au cultivateur :

Frais ordinaire de culture. . . . . 84 fr.
Loyer moyen. 60
Semence au cours de 1857, 2 hectolitres 1/2 à
    27 fr. l'hectolitre. 67
Fauchage et bottelage. 28
Rentrée à la grange. 12
Battage. 12
Épurage. 3
Conduite au marché. 10
Impôt. 7
Fumure. 140
$$\overline{\hspace{4cm}}$$
              Total des frais. . . . 425 fr.

Soit que l'hectare ait rapporté cette année 20 hectolitres
au cours moyen de 13 fr. . . . . 260 fr.
    Rendement de la paille. 105
                    Total. . . . . 365 fr.

Le cultivateur est en perte de. . . . . . . 58 fr.

Nous n'hésitons pas à le dire, la cause des souffrances de
l'agriculture est tout entière dans la suspension de l'application du droit sur les céréales à l'importation.

Le principe de l'échelle mobile remonte chez nous à la loi
du 2 août 1814. Constituée d'une manière définitive le 14 juillet 1819, revisée le 16 juin 1820, le 4 juillet 1821, et enfin
le 15 avril 1832, elle n'a pas subi de changement qui en ait
notablement altéré la portée et l'esprit. La principale modification introduite, en 1832, consiste à remplacer la prohibition, qui était prévue dans certains cas, par un droit plus
élevé qui attint le même but. Cette loi est très-ancienne,
puisqu'elle compte plus de quarante ans d'existence, elle a
fonctionné longtemps sans donner lieu à aucune réclamation
sérieuse, enfin elle a satisfait à tous les besoins par son
heureuse combinaison des droits à l'importation et à l'expor-

tation; et, aujourd'hui qu'elle est encore la loi, son application est réclamée de toute part; en raison de la consécration qu'elle a reçue du temps, elle a été attaquée en dernier lieu par quelques esprits ardents qui pensent que toute innovation est un progrès, tout changement une amélioration.

Mais l'échelle mobile n'a pas de meilleurs défenseurs que les résultats qu'elle a produits. Grâce à elle, la culture nationale a plus que doublé. La récolte de 1815 était de 39,640,971 hectolitres, celle de 1829 s'était accrue à 64,285,521 hectolitres, celle de 1847, à 97,611,149 hectolitres. Ces arguments sont assez éloquents pour confondre les détracteurs de l'échelle mobile.

Des décrets successifs ont suspendu son application, le dernier, celui du 2 octobre 1858, est ainsi conçu : « Le dé- « lai fixé par le décret du 22 septembre 1857 relatif aux me- « sures applicables aux denrées alimentaires est prorogé au « 30 septembre 1859, *en ce qui concerne l'importation.* »

Ainsi les droits à l'importation sont supprimés, *ils restent à l'exportation.*

Ce dernier décret survient dans les circonstances que nous allons exposer : en 1857, l'importation avait été de 6,581,350 quintaux, l'exportation de 2,586,222 quintaux.

Pour les farines, l'importation n'a été que de 50,267 quintaux, l'exportation de 1,313,123 quintaux.

La différence des chiffres totaux donne excédant au profit des exportations 1858, de 2,793,919 quintaux.

Pourquoi cela? Parce que les importations de 1857, jointes à son abondante récolte, ont produit le trop-plein; 1858 a dû faire le vide.

Si l'échelle mobile eût encore été en vigueur à Marseille, par exemple, le tableau régulateur du prix du blé se trouvant fixé fin d'octobre à 16 fr. 77 c., le droit à l'importation eût été de 13 fr. 75 c. l'hectolitre, celui à l'exportation de 25 cent.; dans ces conditions, l'importation cessait, les exportations se faisaient avec facilité, l'encombrement finissait sans secousse.

Ordinairement les départements du Centre approvisionnent ceux du Midi, nos produits du Nord nourrissent l'Angleterre et la Hollande. Aujourd'hui le commerce des grains est forcé de changer ses habitudes ; l'encombrement du port de Marseille a obligé les départements du centre à faire suivre à leurs produits la même route que ceux des départements du Nord.

Nous l'avons prouvé, le cultivateur qui ensemence son champ en blé est en perte : il est donc à craindre que, par un assolement autrement combiné, il ne réduise sa culture de froment. Déjà une voix connue dans la science agricole, celle de M. Thénard, lui en a donné le conseil. Il a été suivi dans quelques localités : si ce mode de culture vient à prévaloir, nous pouvons, en cas de guerre ou de disette, arriver à des résultats désastreux.

Il importe à l'intérêt du consommateur lui-même de ne pas tarir les sources de la production nationale. Les décrets inattendus tiennent le cultivateur dans l'hésitation et le doute : il lui faut une loi fixe et immuable qui ne le laisse pas sans guide et sans boussole.

Cet état de doute est pire que le libre échange, et cependant le libre échange porterait un coup funeste à nos campagnes.

Le libre échange serait un refus de protection pour la culture : mais, si le cultivateur souffre, il ne pourra améliorer ses terres ; dès lors amoindrissement de travail. S'il ne trouve plus une rémunération suffisante, il devra baisser ses salaires ; mais cette diminution de travail et les abaissements de salaires auront les plus graves conséquences.

On désertera les campagnes pour se réfugier dans les villes ; on demandera au commerce et à l'industrie un salaire que l'agriculture ne pourra plus donner. Le cultivateur ne peut trouver que très-difficilement des ouvriers et des domestiques dans nos communes rurales, car le mouvement des campagnes vers les villes a déjà pris des proportions qui inquiètent l'opinion publique; arrive le libre échange, cette émigration augmentera encore.

Cette nouvelle population des villes y trouvera-t-elle ce qu'elle espère? Il y a lieu d'en douter : chez nous, nous n'avons pas, comme en Angleterre, du débouché extérieur; le commerce des villes vend aux campagnes, mais les campagnes appauvries ne pourront plus acheter.

Déjà les bras manquent; si cette position s'aggrave, que deviendra la culture?

Et qu'on ne dise pas que nos inquiétudes sont exagérées; car l'histoire est là pour nous apprendre que dans des circonstances pareilles les campagnes qui environnent Rome ont été complètement ruinées, et que cette ruine dure encore.

Les Romains tiraient de la Sicile une masse énorme de blé sous forme de dîme ; elle était distribuée gratuitement.

« Il était absolument impossible aux petits propriétaires
« de se maintenir autour de Rome, dit Sismondi : et tout le
« reste des petits héritages fut vendu aux riches, l'abandon de
« l'agriculture s'étendit de proche en proche. La vraie patrie
« des Romains, l'Italie centrale, comme elle avait à peine
« achevé la conquête du monde, n'avait plus de population agri-
« cole : dans les campagnes on ne trouvait plus de paysans
« pour recruter les légions, point de guérets pour les nourrir.
« De vastes pâturages, où quelques bergers esclaves condui-
« saient des milliers de bêtes à cornes, remplaçaient les na-
« tions qui avaient apprêté de nouveaux triomphes à la répu-
« blique romaine. »

L'agriculture a besoin de protection, nous l'avons prouvé : sur trente-six millions de Français, vingt-deux sont cultivateurs. Et lorsqu'à propos du libre échange on nous cite l'exemple de l'Angleterre, a-t-on bien sérieusement comparé la situation des deux peuples? Selon M. Dupin, il y avait en Angleterre, *sur un million d'hommes de vingt ans et plus,* 245,817 individus appartenant à la classe agricole; en Écosse, 255,647; dans le pays de Galles, 243,805; dans l'Irlande, 661,901. Et si l'on réfléchit que les calculs de M. Dupin n'ont été faits que pour la population au-dessus de vingt ans, il est évident que la population totale ne donne pas à l'agriculture plus d'un dixième.

Car les jeunes adultes étaient exclus de l'agriculture à moins de 4 pour 100 près; les filles au-dessous de vingt ans n'étaient pas la deux centième partie de celles qui se livraient à d'autres professions.

Il nous a été impossible de nous rendre compte de la production de la culture en Angleterre d'une manière certaine. Mais il est constant que l'Angleterre, année commune, n'importe jamais moins de 20 millions d'hectolitres, et qu'en 1858 ses importations se sont élevées à 30,189,000 hectolitres, tandis que la France doit se nourrir elle-même; les tableaux décennaux publiés par l'administration des douanes pour l'importation et l'exportation des céréales le constatent.

Il fallait bien à un tel peuple des moyens d'approvisionnement spéciaux et des lois spéciales : il s'est donné le libre échange.

Mais c'est précisément parce que nos intérêts sont différents et opposés que ce qui est bon en Angleterre ne peut qu'être nuisible en France.

Mais comment et dans quelles circonstances l'Angleterre s'est-elle donné le libre échange?

Nul peuple n'a été plus protectionniste : pendant cinq cents ans tout changeait et se transformait en Angleterre, excepté la loi protectionniste.

Les tissus de coton payaient encore en 1826 de 50 à 70 pour 100 de la valeur; les tissus de lin de 40 à 180 pour 100.

Voilà pour l'industrie; voici maintenant pour l'agriculture.

En 1815, l'importation du blé était libre, son exportation prohibée, lorsque le prix était inférieur à 34 fr. 40 c. l'hectolitre. Ce ne fut que le 16 juillet 1823 que le parlement adopta l'échelle mobile.

Mais, tandis que l'Angleterre était protectionniste, les autres nations n'avaient pas songé à ce moyen de venir au secours de leur sol et de leurs produits : en 1815, après la paix, la Grande-Bretagne voit avec effroi son commerce diminuer; c'est que les peuples du continent étaient entrés dans la voie qu'elle seule avait suivie jusque-là.

C'est alors que le ministre anglais Huskisson prononça ces paroles célèbres si mal comprises par les libres échangistes : « L'état du monde est changé; chaque jour les nations arra- « chent l'une après l'autre un feuillet à notre code maritime. « Le système protecteur a été longtemps le secret de la gran- « deur de l'Angleterre, mais le brevet en vertu duquel nous « l'exploitions est expiré : le temps n'est-il pas venu de pren- « dre d'autres maximes? Nous sommes trop vantés de nos lois « de navigation, nous n'avons plus rien à en attendre. »

Traduisons la pensée du ministre anglais : « Nous produi- « sons peu, nous fabriquons beaucoup; les autres nations « produisent beaucoup et fabriquent moins que nous : il nous « faut leurs produits bruts, coûte que coûte. Nos intérêts sont « en opposition avec ceux des nations productrices, il nous « faut une autre loi que la leur. »

L'Angleterre a souffert dans son agriculture, mais ses manufactures ont obtenu des matières brutes; sa population s'était énormément accrue, son sol ne lui fournissait que la moitié de sa nourriture; il fallait qu'on lui importât l'autre moitié : le libre échange était devenu une nécessité.

Mais nous sommes dans des conditions diamétralement opposées : les lois économiques d'un pays tel que l'Angleterre ne peuvent être celles de la France. Ne nous *anglaisons* donc pas, restons Français, cela vaut mieux.

Que trois ou quatre grandes puissances productrices s'entendent pour interdire la vente de leurs céréales à l'Angleterre. Comment pourvoirait-elle à la subsistance de sa population? Ce serait lui faire la plus terrible des guerres?

Quant à nous, nous ne craignons pas un tel malheur; car,

si par impossible nous étions menacés d'un blocus de ce genre, nos productions suffiraient à la nourriture de *notre pays*.

Conviendrait-il de substituer à l'échelle mobile un droit fixe? nous ne pouvons l'admettre, car rien n'est plus mobile que le prix des céréales ; il dépend des variations de l'atmosphère qui ont donné une bonne ou une mauvaise récolte. Il faut donc aux denrées alimentaires un droit qui soit mobile aussi ; un droit *intelligent*, qui suive la hausse ou la baisse ; ce droit ne peut être juste, protecteur et utile, que s'il change avec le prix du blé.

Le droit fixe, au contraire, est *aveugle* : il frappe sans s'inquiéter si les prix haussent ou baissent, si la récolte est bonne ou mauvaise : c'est une machine dont les mouvements sont réguliers, mais non raisonnés.

Le blé sera cher ou il sera bon marché. S'il est cher, pourquoi un droit qui aggrave la gêne du consommateur? S'il est bon marché, pourquoi un droit relativement insignifiant et impuissant à protéger le cultivateur?

Il est reçu chez les adversaires de l'échelle mobile d'alléguer que les facilités des transports doivent forcément nous donner le libre-échange. Nous admettons que les voies de communication peuvent faire modifier les zones. Mais les canaux et les chemins de fer ne changent rien au prix de revient du blé.

Nous ne nous opposons donc pas à des modifications raisonnables, nous ne demandons que le maintien du principe de l'échelle mobile. Avec elle le sol de la patrie est assuré de toute la protection dont il a besoin; avec elle l'avenir du producteur et celui du consommateur sont garantis ; sans elle tout est compromis, et nous sommes menacés des plus grands dangers.

COMICE AGRICOLE D'AVALLON.

EXTRAIT DU PROCÈS-VERBAL

SÉANCE DU 26 FÉVRIER.

Dans la séance du 26 février, il a été donné lecture du rapport suivant :

Messieurs, la commission que vous avez chargée d'examiner la grave question des céréales a été unanime à reconnaître que la loi de l'échelle mobile, en présence des décrets qui ont prohibé la sortie des grains français ces années dernières, et qui, dans ce moment même où les prix sont au plus bas, défendent de percevoir les droits prescrits par cette loi sur les grains importés de l'étranger, n'était plus qu'une lettre morte; la commission a été d'avis, à l'unanimité, qu'une loi réglant la matière souverainement et sans laisser place au provisoire, à l'incertain, à l'arbitraire, était indispensable et urgente, dans l'intérêt des producteurs, des consommateurs, des commerçants et du gouvernement surtout, qui serait ainsi déchargé d'une responsabilité bien lourde.

Quelle doit être cette loi?

La commission a pensé unanimement que cette loi ne pouvait consacrer un régime qui prohiberait ou entraverait la sortie de nos grains quand les prix hausseraient, et admettrait librement et sans droit les grains étrangers même quand les prix seraient très-bas, régime qui sacrifierait toujours le producteur au consommateur, serait une injustice et un danger public, car il découragerait les progrès de l'agriculture, si nécessaires à la société entière. Si on appliquait un régime semblable à l'industrie et à ses produits, quelle serait l'explosion d'indignation des manufacturiers et des commerçants.

La minorité de votre commission a été d'avis qu'il fallait revenir à la loi de l'échelle mobile, dont le principe lui a paru excellent. Tout changement trop brusque et trop grand dans le prix des céréales est une calamité publique; il faut l'éviter, l'atténuer autant que possible. L'agriculture doit obtenir un prix rémunérateur, et le peuple ne doit pas payer son pain quotidien à un prix qui ne lui permettrait pas de vivre. Le moyen d'arriver à ce but, c'est, lorsque les prix tendent à s'élever trop haut, de faciliter l'entrée des grains étrangers et d'entraver la sortie des grains de France en ôtant les droits de douane sur les premiers et en les reportant sur les seconds; lorsque les prix au contraire tendent à s'avilir, il faut relever les cours en décourageant l'entrée des blés étrangers et en facilitant la sortie de nos grains par des droits de douane considérables et croissants sur les premiers, et la levée de tous droits sur les seconds. Telle est l'économie de la loi du 15 avril 1832, qui, divisant la France en quatre zones, fait varier les droits de douane suivant les prix constatés par les mercuriales dans chacune de ces zones; cette loi est sage, il faut y revenir, tout en modifiant ce que l'expérience aurait fait reconnaître de défectueux dans les mesures d'exécution.

La majorité de la commission n'a point partagé cette manière de voir. Elle reconnaît bien que les intentions du législateur de 1832 étaient excellentes et qu'il aurait fait une grande et bonne chose s'il avait pu atteindre le but qu'il poursuivait, mais elle a reconnu par un examen attentif des faits que l'espoir des législateurs avait été trompé et qu'il ne pouvait pas en être autrement.

Avec l'échelle mobile, qui fait continuellement hausser ou baisser les droits de douane tant à l'entrée qu'à la sortie, selon que les prix baissent ou haussent, il ne peut pas s'établir à l'extérieur un commerce sur les grains régulier, normal, considérable. Les céréales, denrée très-encombrante, fort dispendieuse à transporter au loin, d'un prix peu élevé pour son poids considérable, ne laissent au négociant que peu de marge pour son bénéfice ; souvent il ne peut espérer gagner que 1 ou 2 francs par hectolitre ; des droits de douane variant sans cesse peuvent lui enlever , sans qu'il puisse les prévoir, tout son bénéfice et au delà.

Les négociants, par exemple, qui auront acheté des grains en France pour les exporter , pourront , au moment où ils voudront les faire sortir, avoir à payer des droits plus élevés qu'ils ne le pensaient par suite du rehaussement du prix des grains qu'eux-mêmes auront peut-être provoqué par leurs achats; ils pourront même craindre un décret d'urgence qui viendra en prohiber la sortie, de sorte que ces négociants seront toujours en crainte de voir leurs opérations entravées par la loi et leur fortune compromise.

Les négociants qui veulent faire venir des grains de Russie ou d'Amérique, opérations qui ne peuvent être réalisées qu'après un long temps, ne seront jamais sûrs qu'il n'y aura pas un grand changement dans les droits qu'ils auront à payer au moment où leur marchandise arrivera en France. Si les blés ont baissé , ces négociants peuvent se trouver en présence de prix qui ne seront plus rémunérateurs , et passibles en outre de droits de douane qui augmenteront considérablement. Ces négociants pourront être ruinés.

Le commerce a besoin de sécurité pour se développer et s'étendre, et il est évident que la législation de l'échelle mobile est une entrave , un obstacle à tout commerce régulier considérable des grains à l'extérieur, et cependant ce commerce serait le plus grand empêchement à l'exagération des prix, soit en baisse, soit en hausse.

Le législateur de 1832 avait pensé que le prix rémunérateur de l'hectolitre de froment ne pouvait pas être au-dessous de 18 à 20 fr., selon les contrées de la France, et il aurait voulu l'assurer au cultivateur ; et cependant, immédiatement après la loi de 1832, le prix de l'hectolitre est descendu, en 1833, à 16 fr. 62 c.; en 1834 et 1835, à 15 fr. 25 c.

Nous avons vu ensuite, de 1848 à 1851, les prix descendre

encore plus bas. En 1848 , à 16 fr. 65 ; en 1849 , à 15 fr. 25 c.; en 1850, à 14 fr. 26 c.; en 1851, à 14 fr. 64 c. L'inquiétude de l'avenir , qui paralysait les opérations commerciales, contribuait sans doute, à cette époque, à faire baisser les prix ; mais d'ailleurs ils auraient été naturellement peu élevés par suite de récoltes très-abondantes.

Dans toutes ces années que je viens de citer, l'importation des grains étrangers était cependant tout à fait insignifiante. La loi de l'échelle mobile n'a donc pas eu pour effet d'empêcher les blés de descendre au-dessous du prix rémunérateur et de s'élever beaucoup plus haut par contre dans les années 1846, 1847, 1854, 1855, 1856 notamment.

Mais, dira-t-on, si, avec l'échelle mobile, les prix sont descendus au-dessous du prix rémunérateur, ils seraient descendus beaucoup plus bas encore avec la liberté de l'importation sans droits considérables à payer?

Nous pourrions répondre qu'avec des prix très-bas en France il n'entre point de grains étrangers , non pas à cause des droits, mais parce que les négociants ne trouvent point de bénéfice à en importer ; mais nous dirons en outre et surtout qu'il s'est passé depuis dix ans un grand fait dont on ne tient pas compte et qui rend cette crainte chimérique.

L'Angleterre , après de longues discussions , après une longue résistance des propriétaires fonciers , a proclamé , à dater du 1er février 1849, la libre importation et la libre sortie des céréales ; elles n'ont à payer qu'un droit insignifiant. La quantité de céréales qui entre chaque année dans ce pays peu étendu pour ses 28 millions d'habitants est énorme. Les céréales ne peuvent pas descendre en France à un prix au-dessous de ce qu'amène le cours naturel des choses et de la confiance, parce que cet immense marché de l'Angleterre est toujours là à nos portes pour recevoir nos propres grains , et tous ceux qui , venant d'Odessa , d'Egypte, d'Amérique, n'iront pas à Marseille ou au Havre, s'ils trouvent un prix plus avantageux à Londres ou à Liverpool. La législation anglaise a été imitée en Hollande, en Belgique, dans les États sardes, de sorte qu'à nos portes une population de 45 millions d'hommes reçoit maintenant tous les blés étrangers. La prétention de faire payer le pain plus cher, à l'aide de la loi, aux consommateurs français qu'aux Anglais, aux Belges, aux Sardes, serait étrange, dangereuse, et d'ailleurs parfaitement vaine. En présence de ce grand fait que nous venons de rappeler, toutes les espérances que l'on pourrait fonder sur l'échelle mobile et même sur la prohibition d'importation pour relever les cours dans les années d'abondance seraient évidemment mal fondées.

Les faits qui se sont passés de 1847 à 1851 le prouvent bien.

En 1847, la France avait acheté pour 209 millions de francs de céréales consommées dans notre pays; elle en avait vendu pour 4 millions et demi seulement. En 1848, elle en reçoit pour 23 millions, mais elle en vend pour 38 ; elle en vend en 1849 pour 55 millions 700,000 fr.; en 1850 pour 74 millions 400,000 fr.; en 1851 pour 95 millions 700,000 fr., et, dans ces trois années, elle n'en reçoit que pour 2 millions 100,000 fr., un chiffre absolument insignifiant. Voilà donc, pendant ces trois années 1849, 1850 et 1851, les grains à vil prix, quoique l'importation des grains étrangers soit nulle. A quel taux seraient-ils descendus si nos voisins n'en avaient pas acheté des quantités considérables et s'ils les avaient repoussés en disant que les grains étaient déjà trop à bon marché chez eux ?

Pour achever la démonstration, voyons ce qui s'est passé en 1858, alors que l'échelle mobile était abolie et que les grains étrangers ne payaient qu'un droit de balance. D'après le tableau des douanes, la France a reçu en 1858 2 millions 186,499 quintaux métriques de céréales de toutes sortes, et l'Algérie figure dans ce chiffre pour 250,000 quintaux ; mais il est sorti de France 4 millions 76,091 quintaux, c'est-à-dire que l'exportation a été plus que double de l'importation des grains étrangers; et, si l'on examine à part les céréales destinées à la nourriture de l'homme, nous trouvons que l'importation du froment et du méteil s'est élevée à 1 million 380,777 quintaux, celle du seigle à 35,290, celle des farines à 50,267, tandis que l'exportation s'est élevée à 2 millions 911,840 quintaux pour le froment, à 428,068 pour le seigle, à 1 million 513,125 pour la farine, de sorte qu'en estimant un quintal de farine pour un quintal et demi de grain, l'exportation a été quatre fois plus considérable que l'importation.

Et l'importation diminuait de mois en mois, tandis que l'exportation augmentait; ainsi, dans le mois de décembre dernier, l'entrée des grains et farines est descendue à 100,000 quintaux, tandis que la sortie s'est élevée à 635,000.

Si l'on avait encore des doutes et si l'on persistait à croire que la prohibition complète d'importation relèverait les prix en France, nous croyons que tout doute serait impossible devant le fait suivant. D'après la loi du 4 juillet 1821, qui a subsisté jusqu'à la loi de 1832, toute importation de grains étrangers était prohibée pour la consommation nationale lorsque les prix de l'hectolitre de froment descendaient au-dessous de 24 fr., 22 fr., 20 fr. et 18 fr., selon les zones. Eh bien, malgré cette loi, le prix moyen de l'hectolitre a été en 1821 de 15 fr. 68 c.; en 1822, de 17 fr. 20 c.; en 1824, de 15 fr. 86 c.; en 1825, de 14 fr. 80 c.; en 1826 de 15 fr. 23 c.; en 1827, de 15 fr. 97 c.; il n'entrait cependant, dans ces sept années, pas un hectolitre de blé étranger.

Nous croyons cette fois la démonstration complète.

Les faits que nous avons cités plus haut montrent quelle est l'importance pour l'agriculture française de la certitude et de la franchise de l'exportation; mais, pour l'obtenir, il faut concéder la liberté de l'importation moyennant un droit modéré et fixe. L'agriculture n'aura rien à y perdre, car la sécurité et l'étendue des débouchés sont le plus grand encouragement à la production et au progrès.

On nous dira peut-être que nous n'obtiendrons pas la liberté complète d'exportation, et que dans les temps de cherté il est du devoir du gouvernement de l'entraver, de la prohiber même. Nous ne le pensons pas ; l'agriculture doit être maîtresse de vendre sa chose, comme le manufacturier est maître de vendre la sienne. Que penserait-on du gouvernement s'il empêchait la sortie de nos draps, de nos tissus, sous prétexte qu'ils sont trop chers ? D'ailleurs, un gouvernement, en prohibant l'exportation des grains, fait plus de mal que de bien, même aux consommateurs nationaux. Toutes les fois qu'il prend une pareille mesure en temps de cherté, il commence par cela même à jeter une panique dans les esprits, c'est comme s'il publiait que la disette, la famine, sont imminentes ; il produit une cherté immédiate.

N'est-ce pas le cas de rappeler ici cette parole divine : « Ne fais pas aux autres ce que tu ne voudrais pas qu'ils te fissent. » En temps de cherté, n'est-il pas dangereux de donner l'exemple de la prohibition d'exportation ? car, enfin, nous aussi nous aurons besoin d'acheter des grains à l'étranger, et, si l'on défend à nos cultivateurs des bords de l'Océan de vendre aux Anglais, aux Belges, aux Hollandais, le supplément de nourriture qui leur manque, comment trouverions-nous mauvais que les Russes, les Égyptiens, les Napolitains, empêchassent aussi leurs cultivateurs de vendre à nos provinces du Midi le supplément qui leur manque ?

En temps d'abondance, nous nous trouvons très-bien de vendre aux étrangers notre excédant, et nous trouverions très-mauvaises des lois de l'étranger qui nous défendraient ce commerce lucratif ; eh bien, ne faisons pas aux Russes, aux Américains, aux Égyptiens, aux Napolitains, chose pareille ; ne prohibons pas, n'entravons pas même par des droits très-forts l'entrée de leurs grains en France.

Demandons la reconnaissance d'un principe grand et salutaire : liberté d'importer les grains étrangers moyennant un droit fixe et modéré, et liberté d'exporter tous les grains moyennant un simple droit de balance. Le commerce libre, agissant en pleine sécurité, empêchera plus que toute réglementation l'exagération des prix en hausse et en baisse; c'est ce qui est arrivé en Angleterre depuis dix ans.

Voici en effet les prix moyens de l'hectolitre de froment depuis l'exécution de la libre entrée et de la libre sortie des céréales en Angleterre : en 1849, 19 fr. ; en 1850, 17 fr. 24 c.; en 1851, 16 fr. 58 c., en 1852, 17 fr. 67 c.; en 1853, 22 fr. 84 c.; en 1854, 31 fr. 04 c.; en 1855 , 32 fr. 55 c.; en 1856, 29 fr. 74 c.; en 1857, 24 fr. 14 c.

Nous terminerons par une considération qui nous semble d'une importance capitale : le gouvernement, ne se mêlant plus du commerce des grains que pour lui assurer, comme à tout autre commerce, la sécurité, n'ayant plus la prétention bien dangereuse pour tous de faire la hausse ou la baisse de la denrée alimentaire par excellence du peuple français, serait déchargé de la plus lourde des responsabilités; le pays tout entier serait délivré d'une cause d'agitation et de troubles.

DÉLIBÉRATION.

En conséquence, la commission propose d'émettre le vœu qu'une loi proclame :

1° La liberté absolue d'importation des grains moyennant un droit fixe de 1 f. 50 par hectolitre de froment, et un droit moindre et gradué pour les grains inférieurs;

2° Liberté absolue d'exportation moyennant un droit de 0 f. 25 par hectolitre de tous grains.

Le Comice agricole adopte la proposition de la commission, et, de plus, l'amendement suivant :

3° L'affranchissement de tous droits sur les engrais agricoles ;

5° Une diminution sensible des droits d'entrée sur les instruments servant à l'agriculture.

Le rapporteur de la Commission,

RAUDOT.

SOCIÉTÉ D'AGRICULTURE ET D'HORTICULTURE
DU GERS.

EXTRAIT DU PROCÉS-VERBAL
SÉANCE DU 18 DÉCEMBRE 1858.

M. le secrétaire donne lecture de la pièce suivante rédigée par la commission chargée de l'expression des doléances de la Société d'agriculture et d'horticulture du Gers.

MONSIEUR LE MINISTRE,

La Société d'agriculture du Gers croirait manquer à sa mission si elle ne faisait connaître à Son Excellence l'effet produit dans le pays par le décret du 30 septembre dernier.

La récolte en blé de 1858 a été bonne[1]. Par une

---

[1] La récolte des menus grains (fèves, haricots, maïs, etc.) qui fournissent à la population rurale une très-notable partie de son alimentation a manqué sur tous les points du département par suite de la sécheresse excessive de l'été.

hausse progressive, le froment allait atteindre le prix de 20 fr., nécessaire à l'agriculteur pour liquider l'arriéré des dernières années, lorsque le décret a paru ; cet acte important a jeté une grande perturbation dans le commerce des grains, et la baisse a été immédiate sur tous les marchés. Le blé est descendu à 15 fr., tandis que la prévision de la non-prorogation du décret avait fait monter le prix du froment jusqu'à 19 fr. 50 c. sur certains marchés à fin septembre et les deux premiers jours du mois d'octobre.

La Société croit que la baisse doit être attribuée à l'effet moral que le décret a produit sur le commerce, qui a suspendu ses achats en prévision des prochains arrivages. Le malaise qui en est la suite continue depuis bientôt trois mois, et rien ne semble indiquer une amélioration prochaine.

Le décret sur l'approvisionnement de réserve de la boulangerie n'a pas encore produit de résultat sur nos marchés ; en amènera-t-il ? nous l'ignorons ; et nous sommes portés à croire qu'il ne peut en résulter qu'une amélioration temporaire qui sera plutôt un palliatif qu'un véritable remède au mal.

Le prix actuel[1] n'est nullement rémunérateur, et loin d'indemniser le propriétaire de l'insuffisance des récoltes antérieures, il le constitue en perte pour l'année courante et le contraint à des économies ruineuses pour tout le monde : économie de tout objet de luxe, ruineuse pour l'industrie ; économie de travail, ruineuse pour

[1] 15 francs est le prix moyen ; sur certains points de l'arrondissement de Lombez, de Mirande et de Lectoure, il s'est vendu des blés au-dessous de 15 francs.

la propriété et la classe ouvrière du pays, qui comprend très-bien qu'il lui importe peu que le pain soit bon marché, si, le travail faisant défaut, elle ne gagne pas de quoi le payer.

Une pareille situation est grave, en ce qu'elle éloigne des champs les bras que l'agriculteur ne peut plus occuper, et expose aux dangers des villes la partie la plus saine et la plus dévouée de la population. Elle porte en même temps l'agriculteur à demander à la terre une production qui lui offre plus d'avantages ; par suite, à réduire la culture des céréales, ce qui dans un avenir prochain peut inspirer des craintes sérieuses pour l'alimentation publique.

Dans ces circonstances, la Société d'agriculture du Gers, en priant Votre Excellence de porter aux pieds du trône ses humbles doléances, exprime l'espoir que le gouvernement de l'Empereur saura trouver dans une législation sagement protectrice les moyens de concilier les intérêts du propriétaire et ceux du consommateur. Elle comprendra le danger de l'instabilité d'une législation qui ne laissera au commere aucune certitude d'avenir.

La Société vote l'envoi de l'adresse ci-dessus à Son Excellence M. le Ministre de l'agriculture, du commerce et des travaux publics.

Le Secrétaire,
Dupuy.

COMICE AGRICOLE D'ORLÉANS.

EXTRAIT DU PROCÈS-VERBAL

SÉANCE DU 5 MARS 1859.

Le Comice adopte un Mémoire adressé à l'Empereur et au Ministre de l'agriculture, dont les conclusions suivent :

Par toutes les considérations que nous venons d'avoir l'honneur de vous exposer, nous estimons que, dans les circonstances actuelles, le libre échange des céréales aurait pour effets principaux :

1° De causer une perturbation dans la valeur des immeubles ruraux ;

2° De favoriser la production étrangère et de restreindre la production nationale ;

3° De nuire au crédit, dont les agriculteurs ont un si grand besoin et qu'ils trouvent si difficilement ;

4° Et de ralentir, sinon entraver, la marche incessamment progressive de notre agriculture, et, dès ce jour, incertaine,

Et nous vous supplions, en conséquence, Sire, de vouloir bien confirmer dans un acte législatif le principe d'une protection nécessaire en faveur de nos céréales, en la renfermant toutefois dans des limites fixes qui permettent à l'agriculteur l'espoir d'obtenir habituellement des prix rémunérateurs, tout en prémunissant les consommateurs contre des prix excessifs ; résultat qu'il serait facile d'obtenir en apportant à la législation actuelle, dite de l'*échelle mobile*, les modifications et changements indiqués par l'expérience.

Le président du Comice,

ALEX. PERROT.

SOCIÉTÉ D'AGRICULTURE DU DOUBS.

DÉLIBÉRATION.

La Société d'agriculture du Doubs, convaincue que dans un intérêt d'ordre public le plus imminent, la production des céréales en France, comme objet de première nécessité, ne saurait se passer d'une équitable protection, dont l'importance se fait d'autant plus sentir qu'elle est malheureusement contestée, a cru devoir, pour calmer les inquiétudes qui s'élèvent de toutes parts et pour répondre aux vœux des cultivateurs du département du Doubs, élever la voix et manifester son opinion sur une question d'un intérêt aussi majeur.

En conséquence, par sa délibération du 9 mars 1859, la Société a cru devoir solliciter près du gouvernement les mesures suivantes.

1° Qu'il intervienne le plus tôt possible une loi ayant pour base le principe de l'échelle mobile, mais mise en harmonie avec les nécessités de notre époque ;

2° Qu'en attendant cette nouvelle loi protectrice, l'on remette immédiatement en vigueur celle qui régit actuellement le commerce des céréales, pour sauvegarder plus promptement des intérêts majeurs si gravement compromis par l'avilissement des prix des grains.

3° Que comme élément régulateur du droit de protection à établir, on ne s'attache pas exclusivement au prix des mercuriales, trop souvent inexact, mais que l'on prenne aussi en considération le prix de revient, qui constitue réellement le déboursé du cultivateur en travail et en avances ;

4° Que, pour arriver à une base plus généralement exacte du prix de revient des céréales, on divise le territoire français en autant de zones qu'il y a de parties différentes où ce prix de revient varie en raison des circonstances de localité, et qu'après avoir recueilli dans chacune d'elles des documents statistiques fixant ce prix d'une manière certaine, on détermine pour la France entière ce que devront être les droits protecteurs à établir.

Ainsi délibéré à la séance de la Société d'agriculture du 9 mars 1859.

Pour copie certifiée conforme,

Le secrétaire,   *Le président,*

Berger.   Jules de Bussières.

SOCIÉTÉ D'AGRICULTURE DE MELUN.

DÉLIBÉRATION.

La Société d'agriculture de Melun, après avoir consacré une séance entière à la discussion si importante de la question des céréales, après avoir passé en revue les divers moyens proposés pour mettre un terme à une situation aussi déplorable que celle qui règne aujourd'hui ; justement effrayée de l'état de souffrance dans lequel se trouve l'agriculteur par suite de l'avilissement du prix du blé ; pénétrée de l'urgente nécessité d'y apporter un prompt remède dans l'intérêt général ;

Considérant que les théories du libre échange appliquées aux céréales ne sont point admissibles, que ce ne serait qu'un leurre pour l'agriculture française, qui, placée dans des conditions beaucoup moins favorables que certains pays, soit à cause du prix élevé de la main-d'œuvre, soit à cause de la valeur locative du sol, soit enfin à cause du chiffre élevé de l'impôt et des charges locales, ne peut établir le prix de revient de l'hectolitre de froment au-dessous de vingt francs ;

Considérant qu'un droit fixe minime ne serait qu'illusoire et non protecteur et qu'il ne serait, par le fait, que l'application du libre échange ; qu'un droit fixe élevé pourrait dans certaines circonstances trop favoriser le producteur et nuire aux intérêts des consommateurs, et que dans ce dernier cas il serait généralement suspendu ;

Considérant que le seul moyen de maintenir l'équilibre entre les besoins du producteur et les exigences légitimes des consommateurs ne se trouve que dans l'application d'un droit protecteur variable, proportionnel et gradué; l'assemblée considère cette manière d'agir comme la seule sauvegarde des intérêts de tous.

En conséquence, elle émet le vœu :

1° Que le commerce des céréales soit régi par une loi fixe et permanente donnant toute sécurité à l'industrie agricole et commerciale;

2° Que la législation consacre la liberté d'exportation au simple droit de balance de 25 centimes;

Que l'importation soit autorisée avec un droit protecteur variable suivant le cours du blé, en admettant dans la réglementation pratique tous les perfectionnements indiqués par l'expérience et particulièrement en ce qui concerne l'établissement des classes.

Le secrétaire, Prevost.

SOCIÉTÉ D'AGRICULTURE DU PAS-DE-CALAIS.

SÉANCE DU 16 MARS 1859.

DÉLIBÉRATION.

La Société centrale d'agriculture du Pas-de-Calais,

Considérant que la production des céréales est une

des principales sources de la fortune de la France;
qu'elle fournit à la classe ouvrière un travail régulier
et moral;

Considérant qu'il importe au législateur de prendre
des mesures pour protéger l'agriculture contre la concurrence étrangère;

Considérant que la libre introduction des grains aurait pour résultat, en diminuant la production des
céréales, de compromettre le progrès agricole et l'intérêt général du pays:

Demande respectueusement qu'à l'exclusion de tout
autre système, un droit protecteur, variable suivant le
cours des céréales et fixé une fois par an, assure au
producteur français des garanties suffisantes, et à l'ouvrier agricole un salaire équitablement rémunérateur.

SOCIÉTÉ D'AGRICULTURE DE SAINT-OMER.

SÉANCE EXTRAORDINAIRE DU 19 MARS 1859.

DÉLIBÉRATION.

La Société d'agriculture de l'arrondissement de
Saint-Omer, après mûr examen de la question des céréales, qui préoccupe si vivement le pays, a pris la délibération suivante:

Considérant que de la prospérité agricole dépend essentiellement la fortune de la France, il ressort de là, comme première nécessité, le besoin, le devoir même de veiller sans relâche à son avenir ; que, grevée des charges les plus lourdes, elle a droit tout au moins à une protection égale à celle de l'industrie; qu'aux impôts de toute nature qui pèsent sur elle s'ajoutent de plus en plus la pénurie des bras et l'augmentation du prix des baux ainsi que des salaires ; que le développement incessant et inévitable de la petite culture, en amoindrissant les exploitations et les ressources des populations rurales, donne à cette nécessité d'une protection spéciale quelque chose de plus impérieux et de plus sacré ; que si la cherté des grains est un dommage pour le consommateur, l'avilissement du prix des céréales est pour les campagnes une calamité qui en ferait déserter la culture ; que c'est en vue de parer à ce double danger que la législation avait posé, au devant de l'importation comme de l'exportation, un droit protecteur dont l'effet était réglé par une échelle mobile ;

Que les avantages de cette législation ont été constatés par une expérience de plus de trente années ;

Que depuis son retrait les souffrances incontestées de l'agriculture et l'impossibilité pour elle de soutenir la concurrence étrangère réclament le rétablissement de cette législation ;

Que les bénéfices procurés par la protection en retourneront en amendement vers le sol, en impôts plus élevés dans les caisses de l'État, en développement de production pour les besoins des consommateurs, sont une cause trop sensible de prospérité pour que le gouvernement ne veuille pas restituer à l'agriculture cette ancienne position qui en faisait la fortune;

Émet le vœu que l'agriculture, en ce qui concerne le commerce des céréales, soit replacée en fait et en droit sous le régime protecteur du *droit variable*, sauf les modifications indiquées par l'expérience dans la réglementation de l'échelle mobile.

Le président,
QUEUSON.

Le secrétaire général,
L. CAULLET.

COMICE AGRICOLE DE BERGERAC.

EXTRAIT DE LA DÉLIBÉRATION

SÉANCE DU 12 MARS 1859.

Le Comice agricole de Bergerac, vivement préoccupé de la situation grave de l'agriculture, par suite de la dépréciation du prix du blé et de l'élévation des salaires;

Considérant que la prolongation de cet état pourrait devenir menaçante pour l'alimentation publique si elle devait amener la diminution des quantités de terres ensemencées en blé;

Considérant, en ce qui concerne l'importation des blés, que la culture en France ne peut encore soutenir la concurrence des céréales produites souvent à fort bas prix par l'Amérique du Nord et aussi par certaines parties de l'empire russe, et que la seule organisation qui puisse concilier les intérêts des producteurs et ceux des consommateurs semble être celle qu'établirait une protection proportionnelle, graduée suivant les besoins, et dont l'effet serait de maintenir un équilibre essentiellement variable entre deux intérêts dont l'un ne peut ni ne doit être sacrifié à l'autre,

Émet le vœu :

1° Que le commerce des céréales soit de nouveau régi par une loi protectrice fixe et permanente;

2° Que la législation consacre la liberté de l'exportation, tant que le grain se maintient au-dessous du prix reconnu suffisamment rémunérateur ;

3° Que l'importation ne soit autorisée qu'avec un droit protecteur, variable suivant les cours, en admettant dans la réglementation pratique tous les perfectionnements indiqués par l'expérience.

Pour copie certifiée conforme ;

Le président du Comice agricole de Bergerac,

Durand de Corbiaz.

SOCIÉTÉ D'AGRICULTURE DE LA HAUTE-GARONNE.

EXTRAIT DU REGISTRE DES DÉLIBÉRATIONS.

SÉANCE DU 8 JANVIER 1859.

. . . .

M. de Moly fait, au nom d'une Commission, un rapport sur la question des céréales. Après cette lecture, MM. de Roquette, Texereau de Lesserie, de Lapasse, de Panat et Caze, prennent la parole sur les conclusions du rapport, et la résolution suivante est adoptée :

Considérant que l'état de souffrance de l'agriculture est réel et va toujours croissant;

Considérant qu'en particulier, dans le sud-ouest de la France, cet état est dû surtout à l'avilissement du prix des blés, principale en même temps que nécessaire production de cette contrée;

Considérant que si, après plusieurs mauvaises récoltes et la cherté excessive qui en était le résultat, celles des deux dernières années, considérées comme bonnes, devaient avoir pour conséquence une baisse, d'ailleurs désirable dans de justes limites, il n'est plus douteux que cette baisse n'a fait de si grands et si incessants progrès que par suite de l'instabilité de la

11

législation sur le commerce des céréales, du caractère provisoire et temporaire de tous les actes qui ont régi ce commerce depuis plusieurs années, et parce que, en présence de décrets annuels et toujours révocables, toute prévision, toute opération à long terme était impossible de la part, soit du commerçant, soit du propriétaire ;

Considérant que s'il avait pu rester quelque incertitude à cet égard, elle aurait cessé en présence de l'effet aussi instantané qu'irrésistible du dernier décret qui a prorogé, jusqu'au 30 septembre prochain, la suspension de la loi du 15 avril 1832 ; qu'en effet, aussitôt après la promulgation de ce décret, non-seulement le prix des blés, qui tendait à se relever, a subi sur tous les marchés une nouvelle baisse, mais que surtout il en est résulté pour cette denrée de première nécessité une suppression immédiate et complète de toute transaction un peu importante, les achats et les ventes se bornant dès ce moment et encore aujourd'hui, aux besoins journaliers de la consommation ;

Considérant, d'un autre côté, que, sous un régime douanier qui protége à juste titre et dans de sages limites toutes les industries, l'agriculture seule ne peut continuer à rester sans protection, quand il est surabondamment démontré qu'elle en a besoin pour conserver à ses produits et en particulier à ses blés un prix suffisant et rémunérateur ;

Considérant que le principe de la loi de 1832 est celui qui parait concilier le mieux les intérêts du propriétaire et ceux du consommateur :

La Société d'agriculture de la Haute-Garonne émet, à l'unanimité, le vœu qu'une législation sagement protectrice, basée sur le principe de la loi de 1832 et ayant un caractère stable et permanent, régisse de nouveau et pour l'avenir le commerce des céréales.

Pour extrait conforme,

Le Président de la Société d'agriculture de la Haute-Garonne,

Caze.

COMICE AGRICOLE DE PLOUAGAT.

(CÔTES DU NORD.)

DÉLIBÉRATION.

Le Comice de Plouagat,

Considérant que l'alimentation d'un grand peuple ne doit pas être à la merci des producteurs étrangers, des spéculateurs ou des événements politiques, et qu'il est dans la nature de notre pays de se suffire à lui-même pour son alimentation en céréales ;

Que les droits protecteurs ne peuvent être que mobiles pour parer à l'avilissement des prix ou à leur exagération ; qu'un droit fixe ne peut être appliqué à modérer des droits extrêmes qui peuvent s'écarter, de 100 pour 100, d'une année à l'autre.

Considérant que les charges qui pèsent sur l'agriculture française, le prix des terres, leur division et la hausse persistante des salaires la mettent dans l'impossibilité de produire des céréales au même prix que la Russie, l'Amérique et l'Égypte ;

Considérant que la loi de l'échelle mobile — dont le principe est excellent, — peut être modifiée en ce qu'elle offre d'incomplet ou de défectueux, mais qu'elle est la seule organisation qui puisse concilier les intérêts des producteurs et ceux des consommateurs,

Émet le vœu que le décret du 2 octobre 1858 soit remplacé par une législation fixe et permanente, et que la loi du 15 avril 1832 soit rétablie, sauf à modifier les classes et les zones d'après l'état actuel du progrès et de nos voies de communication.

Pour extrait conforme.

Le Secrétaire du Comice, maire de Plouagat,
RAULT.

Le Président,
Comte DE KERGARIOU.

COMICE AGRICOLE DE MONTAGRIER.

DÉLIBÉRATION.

Le Comice agricole de Montagrier (Dordogne), considérant que la France est un pays essentiellement agricole et que le développement de l'agriculture est une des conditions essentielles de sa puissance et de sa prospérité ;

Considérant que l'unique moyen de pousser vers l'agriculture les intelligences, les capitaux et les bras, consiste à procurer au cultivateur une rémunération suffisante de son travail;

Considérant qu'un droit fixe et invariable perçu sur les blés exportés ne pourrait constituer une protection efficace pour les produits du sol français; que, faible, ce droit n'empêcherait pas la concurrence étrangère ni, par conséquent, l'avilissement extrême des prix dans les années d'abondance; qu'élevé, au contraire, ce même droit ne pourrait être maintenu dans les années de disette,

Émet le vœu qu'un droit protecteur, variable suivant les cours, soit perçu à l'importation des céréales.

Délibéré le 28 février 1859.

Le Président du Comice,

E. DE BELLUSSIÈRE.

COMICE AGRICOLE DE BRIVES.

EXTRAIT DE LA DÉLIBÉRATION

DU 20 FÉVRIER 1859.

Considérant qu'en France, où l'industrie et l'agriculture vont de pair et ont encore besoin d'un système protecteur, il serait imprudent de les abandonner à l'aventure et de les exposer à la libre entrée des produits dont la concurrence serait fatale à nos producteurs ;

Considérant qu'il y aurait injustice à accorder à nos manufactures et au commerce des droits protecteurs, tandis que l'agriculture en serait privée, alors qu'il est constant qu'ils en souffriraient l'un et l'autre et qu'ils sont tour à tour et vis-à-vis d'eux-mêmes producteurs et consommateurs ;

Considérant enfin que le gouvernement, qui voit de la haute sphère où il est placé les efforts faits en France pour améliorer, perfectionner et faire progresser nos deux grandes industries, sera, dans un long avenir, juge du moment où l'on pourra, sans détriment sensible, faire succéder le libre échange au système protecteur, mais que dans l'état actuel des choses il y aurait danger de perturbation à devancer l'œuvre du temps ;

Adopte les conclusions suivantes :

1° Que le gouvernement considère la fâcheuse position de tous les agriculteurs français ;

2° Qu'une loi régisse le commerce des céréales, qu'elle en permette la libre exportation et fixe un droit suffisamment protecteur pour leur importation ;

3° Que l'importation des engrais agricoles soit affranchie de tout droit.

Approuvé par le Comité, séance du 27 février 1859.

Le rapporteur de la Commission,

De Chamaillard.

COMICE AGRICOLE DE BEAUVOIR-SUR-MER.
(VENDÉE.)

EXTRAIT DU PROCÈS-VERBAL
DU 10 MARS 1859.

M. le président a ensuite appelé l'attention de l'assemblée sur la question des céréales, question grave et importante pour tous les agriculteurs par suite de l'avilissement où sont tombés et se maintiennent les prix des blés.

Après avoir constaté la gêne générale de l'agriculture le Comice agricole de Beauvoir-sur-Mer,

Considérant que l'agriculture, source principale de la richesse du pays et aussi de l'impôt, est dans un état de souffrance sur lequel il importe d'appeler l'attention de l'autorité;

Considérant que la prolongation de cet état de choses pourrait devenir inquiétante, même pour l'alimentation publique, car elle ne manquerait pas d'amener la diminution des quantités des terres ensemencées en blé;

Considérant que la suspension des effets de l'*échelle mobile*, par des décrets annuels, a mis depuis plusieurs années le comble à l'incertitude des producteurs;

Considérant qu'en présence des charges qui pèsent sur elle, du prix élevé des terres, de la hausse persistante des salaires et des objets de première nécessité, l'agriculture française ne peut soutenir la concurrence avec d'autres pays qui se trouvent dans des conditions plus favorables pour produire à bon marché;

Considérant que le moyen le plus sûr et aussi le plus juste de maintenir l'équilibre entre les exigences légitimes du consommateur et les besoins réels du producteur est de frapper l'importation d'un droit variable qui s'élève et s'abaisse avec le prix régulier du marché intérieur;

Considérant que la loi, longtemps en vigueur, dite *échelle mobile*, lui paraît devoir atteindre ce but,

Émet le vœu :

1° Que le gouvernement fasse droit aux justes doléances de l'agriculture;

2° Que le commerce des céréales soit régi par une

loi fixe et permanente de manière à détruire toute incertitude à l'avenir ;

3° Que l'importation ne soit autorisée qu'avec un droit protecteur variable suivant les cours du marché intérieur ;

4° Que l'exportation soit libre tant que le prix du blé se maintiendra en France au-dessous du prix reconnu suffisamment rémunérateur ;

5° Émet également le vœu que les droits d'importation sur les engrais étrangers soient considérablement diminués.

Délibéré en séance générale et voté à l'unanimité, à la mairie de Beauvoir-sur-Mer, les jour, mois et an susdits.

Pour extrait certifié conforme au procès-verbal :

Le Président du Comice agricole
de Beauvoir-sur-Mer,

Vaconnet.

Le Secrétaire trésorier, Dugast.

COMICE AGRICOLE DE MATIGNON.
(CÔTES-DU-NORD.)

DÉLIBÉRATION.

Le Comice de Matignon, après avoir entendu le rapport de M. le Président au sujet de l'enquête qui se poursuit sur la législation des céréales,

A pris la délibération suivante :

Considérant que l'agriculture est en souffrance par suite de la dépréciation exagérée du blé et de la plupart des produits du sol ;

Que cet état de choses est surtout désastreux pour les contrées dont la seule ou presque unique industrie est, comme dans la nôtre, la production des céréales ;

Que l'avilissement du prix, si on en pouvait craindre la continuation, aurait pour résultat immédiat non pas, comme on l'a dit, de forcer les cultivateurs à le produire à moins de frais, mais, tout au contraire, d'arrêter l'impulsion donnée dans la voie du progrès et de faire chercher ailleurs des bénéfices suffisamment rémunérateurs ;

Que la conséquence certaine serait une diminution notable dans la production du blé et un déficit dans l'approvisionnement, déficit que le commerce d'importation est impuissant à combler sans imposer au pays des sacrifices énormes, nous en avons vu l'expérience, il y a peu d'années ;

Considérant qu'il est urgent, pour assurer l'alimentation publique et pour encourager les cultivateurs à y concourir, de rassurer l'opinion justement alarmée de la crise actuelle ;

Considérant qu'il est du devoir des Comices de recueillir les plaintes des cultivateurs et de présenter à l'autorité leurs réclamations respectueuses ;

Nous appelons toute l'attention du gouvernement sur cette question importante et lui soumettons nos vœux sur les mesures à prendre.

Repoussant le droit fixe à l'importation des grains comme impossible et inapplicable en certaines circonstances, nous demandons le retour au principe de l'échelle mobile simplifiée et dégagée des entraves qu'apportaient à son application la multiplicité des zones et les variations trop fréquentes des tarifs.

La présente délibération prise à Matignon,

Le Président du Comice de Matignon,

A. DU BREIL.

SOCIÉTÉ D'AGRICULTURE DE MONTREUIL-SUR-MER.

EXTRAIT DU REGISTRE DES DÉLIBÉRATIONS.

SÉANCE DU 26 FÉVRIER 1859.

Il est deux heures ; M. le Président ouvre la séance et donne lecture d'un Mémoire et d'un manuscrit ayant pour objet de démontrer les bienfaits de l'échelle mobile et la nécessité de la rétablir.

La Société, après avoir entendu cette lecture et discuté les articles de ces documents, décide qu'elle enverra à Son Excellence M. le Ministre de l'agriculture et du commerce, par l'intermédiaire de son Président, la délibération suivante :

La Société d'agriculture de Montreuil-sur-Mer reconnaît que le prix du blé n'est point rémunérateur, puisque l'hectare de terre ayant rapporté en moyenne 21 hectolitres de froment au prix actuel de 14 fr. l'hectolitre, tout le monde sait que les frais de location, d'impôt, de culture, de récolte, etc., s'élèvent en moyenne à 300 fr.

Il lui paraît démontré que la France, ne pouvant produire le blé au taux de celui de la mer Noire, de l'Égypte, de l'Amérique, l'importation de cette denrée compromet les intérêts de son agriculture, et entraîne nécessairement, dans un avenir prochain, de la part du fermier, l'abandon ou du moins la diminution de la culture du froment, c'est-à-dire, indirectement la ruine de l'agriculture, et aussi une insuffisance momentanée de blé pouvant avoir accidentellement des dangers.

La Société sait qu'en 1858 le rendement de sa récolte n'a pas dépassé celui de 1857 ; que pourtant la valeur du froment a baissé énormément ; elle pense que cette baisse ne peut être attribuée qu'aux décrets du 22 septembre 1857 et du 2 octobre 1858, décrets que le gouvernement n'aurait certainement pas rendus s'il avait été mieux renseigné.

La Société émet donc l'avis d'un retour prompt à la loi de l'échelle mobile du 15 avril 1832, dont l'action avait été satisfaisante pendant une trentaine d'années et si, toutefois, ce qui est probable, quelques modifications à cette loi sont jugées nécessaires, la Société d'agriculture de Montreuil-sur-Mer émet le vœu que la question soit soumise sans délai à la Chambre des députés.

Fait et délibéré les jour, mois et an que dessus.

Pour copie conforme :

Le Président de la Société d'agriculture,

Panet père.

COMICE AGRICOLE DE SAINT-AMAND.

(NORD.)

EXTRAIT DU REGISTRE DES DÉLIBÉRATIONS.

18 MARS 1859.

L'ordre du jour appelle l'examen de la question des céréales et du rétablissement de l'échelle mobile. Le Comice, après une longue discussion, adopte à l'unanimité la résolution suivante :

Considérant que la suppression de l'échelle mobile livre l'agriculture nationale aux hasards d'un système qui ne lui offre aucune garantie de sécurité et de stabilité ;

Que la substitution du régime actuellement en vigueur à la loi protectrice qui, il y a peu d'années encore, réglait l'entrée et la sortie des céréales, constitue un état anomal qui, quoique provisoire, inspire les défiances et les inquiétudes les plus fondées ;

Considérant que, en présence des souffrances trop réelles et trop bien constatées aujourd'hui de l'agriculture du pays, il serait sage de rechercher les causes de son malaise et urgent de lui donner la satisfaction que réclament ses intérêts et son avenir, sérieusement menacés ;

Considérant que l'agriculture, qui a le droit d'être placée en tête des industries nationales, ne peut et ne doit, à peine de déni de justice, rester sans protection, alors que toutes les industries sont protégées ;

Considérant qu'il serait opportun et facile d'opérer la révision de la loi, en la mettant en rapport avec l'état nouveau résultant pour la société des découvertes récentes, des progrès agricoles, de la création des voies ferrées, et de mettre ainsi à profit les conseils de la prudence et les leçons de l'expérience,

Le Comice émet les vœux suivants :

1° Que l'échelle mobile soit rétablie;

2° Que la loi du 15 avril 1832, bonne en principe, soit revisée ;

3° Que la réforme à y introduire ait pour base une protection efficace.

Le Vice-Président,

V. DE GOURMACEUL.

COMICE AGRICOLE DE LIMOUX.

(SUR AUDE.)

EXTRAIT DU REGISTRE DES DÉLIBÉRATIONS.

SÉANCE DU 2 JANVIER 1859.

Un membre fait l'exposé suivant :

La situation agricole de l'arrondissement de Limoux est devenue si déplorable, qu'il devient nécessaire de s'en préoccuper. Depuis le décret du 2 octobre dernier, qui a prolongé d'un an le régime provisoire auquel est soumise l'importation des grains, le prix du blé n'a jamais pu s'élever au-dessus de 16 fr. l'hectolitre pour les qualités ordinaires et de 17 à 18 fr. pour les supérieures ; or il est de notoriété publique et les calculs les plus simples suffiraient pour établir que l'hectolitre du blé coûte au producteur la somme de 17 fr. rendu sur le marché. Il est donc manifeste que son bénéfice est à peu près nul et que, pour peu qu'un pareil état de choses se prolongeât, la ruine de tous les cultivateurs grands et petits serait certaine.

On est peu porté en général à plaindre aujourd'hui les propriétaires et on fait sonner trop haut les prix élevés des denrées dans les dernières années ; il serait facile de prouver que même à ces époques, dont le souvenir est si triste, les bénéfices n'ont pas été ce qu'ils paraissaient. Le blé alors était rare ; or, dans une exploitation, il faut toujours prélever sur la récolte la même quantité en nature pour les besoins de l'année ; soit nourriture et payement des ouvriers, soit ensemencement. Quand il y a peu de blé une fois les prélèvements faits, il en reste peu pour la vente, et, quel que soit le prix, le bénéfice est alors modique : c'est là ce qui explique pourquoi la plupart d'entre nous ont été surpris par la baisse actuelle sans avances pour y faire face et se voient aujourd'hui dans un réel embarras.

Nous savons bien que le gouvernement n'a pas à se préoccuper seulement des producteurs, mais que les consommateurs ont aussi droit à sa sollicitude ; mais je ne crois pas qu'on puisse nuire aux intérêts de ces derniers en demandant des mesures qui aient pour objet de combattre l'avilisement actuel des prix. Dans les pays agricoles comme le nôtre, toutes les industries languissent quand l'agriculture est en souffrance.

Le propriétaire qui n'a pas d'argent n'achète ni vêtement de luxe, ni objets de prix ; il ne bâtit point, n'améliore point ; il ne se fait donc pas de journées : qu'importe à l'ouvrier que le blé soit à 16 fr., si ces 16 fr. lui manquent ! Ne vaudrait-il pas mieux pour lui qu'il coûtât 20 fr. et que ces 20 fr. il fût assuré de les gagner par son travail ? L'expérience confirme ce que je viens d'exposer ; dans les années de disette que nous venons de traverser, les constructions rurales, les drainages, les opérations chères en un mot, se sont multipliées autour de nous ; depuis l'abondance déréglée dont nous sommes témoins, le peuple n'a plus d'ouvrage et l'on ne sait vraiment si la misère n'est pas plus grande.

Le pays s'est associé avec joie au reconnaissant hommage que Son Excellence le ministre de l'agriculture offrait naguère à Sa Majesté l'Empereur dans un de ses rapports, et se félicitait avec nous de l'heureuse impulsion que des concours fréquents doivent donner à l'agriculture ; c'est là une pensée féconde et juste ; mais le but des concours est bien près d'être manqué, si en étalant sous nos yeux des types de races améliorées, ces instruments si perfectionnés et si chers, on a ôté les moyens de les approprier à notre usage. Le meilleur encouragement à toute espèce d'industrie, c'est, après tout, le bénéfice qu'on y trouve; et l'agriculture aujourd'hui est et ne peut être qu'une industrie, c'est même la moins favorisée de toutes ; car dans le commerce il arrive souvent qu'une bonne année dédommage largement de plusieurs mauvaises ; la fortune des cultivateurs n'a pas de ces heureux retours. Une mauvaise année laisse des traces ineffaçables; on emprunte et dès lors de lourds intérêts à payer emportent tous les bénéfices, et c'est là le grand chemin qui mène à la ruine. Ainsi les progrès réalisés par d'autres dans des conditions plus favorables cessent d'être possibles pour nous. C'est un luxe que nous ne pouvons nous permettre ; occupés comme nous le sommes à chercher avant tout à vivre, et beaucoup d'entre nous ne vivent qu'au jour le jour ; c'est ainsi que les terres restent en friche, que les bas-fonds ne se drainent pas, et que nos races de bestiaux ne reçoivent pas les améliorations dont elles seraient susceptibles, voilà à quel point le présent engage l'avenir.

Je pourrais encore présenter d'autres considérations d'une petite importance, mais celles-ci suffisent, le mal est sérieux : perdus comme nous le sommes dans un coin obscur de la France, nous ne pouvons indiquer le remède à ce mal, si ce n'est l'échelle mobile réglée selon les leçons de l'expérience, ou tout autre moyen qui pourrait mieux concilier les intérêts des producteurs et des consommateurs. Il est à désirer que le gouvernement y porte une sérieuse attention; nous ne pouvons que lui exprimer, comme tant d'autres, nos doléances, avec l'espoir que dans sa sagesse il saura porter secours aux agriculteurs et à l'agriculture.

Le Comice, après avoir entendu cet exposé,

Considérant qu'il exprime la vraie situation dans laquelle se trouve la production des céréales et la nécessité d'une amélioration, fait des vœux pour que le gouvernement, soit par la continuation de l'*échelle mobile*, soit par tout *autre moyen* que sa sagesse pourra lui suggérer, fasse obtenir à l'agriculteur un prix suffisamment rémunérateur.

Le Comice invite M. le Président à faire parvenir une copie du présent à Son Excellence le ministre de l'agriculture, du commerce et des travaux publics et à M. le Préfet du département.

Pour copie conforme :

Le vice-président du Comice délégué,
GAZE.

CHAMBRE CONSULTATIVE D'AGRICULTURE DE LILLE.

EXTRAIT DE LA DÉLIBÉRATION.

SÉANCE DU 2 MARS 1859.

Considérant que la suppression de l'échelle mobile est une cause d'avilissement du prix du blé, aujourd'hui que ce prix a cessé d'être rémunérateur et constitue en perte tous les cultivateurs de la France ;

Considérant que l'établissement d'un droit unique ne parerait pas au mal, parce qu'un droit frappant le blé étranger, quand le cours est bas, comme lorsqu'il est élevé, devrait nécessairement être faible et ne saurait empêcher, dans les circonstances où nous nous trouvons, l'arrivée à Marseille du blé d'Égypte ou d'Odessa ;

Considérant que ce qu'il faut avant tout, c'est un cours peu variable de la denrée alimentaire par excellence, que l'échelle mobile seule atteint ce but, qu'elle facilite l'exportation quand le prix du blé est faible et tend ainsi à en relever le cours ; qu'elle facilite, au contraire, l'importation quand le prix s'élève et en ramène le cours à ce qu'il peut être, eu égard aux ressources de tous les pays producteurs ;

Remarquant d'ailleurs que le seul reproche fondé qu'ait suscité l'échelle mobile, c'est de donner trop d'incertitude aux transactions commerciales, en raison de la variation mensuelle des droits, variation qui n'a plus sa raison d'être aujourd'hui que l'adoption des batteuses fixe sur l'importance de la récolte aussitôt après la moisson ;

Considérant en outre que le nombre des classes et sections établies par la loi du 15 avril 1832 peut être réduit de beaucoup depuis la création des chemins de fer qui tendent à rapprocher les prix du blé sur les différents points de l'empire ;

La Chambre d'agriculture de l'arrondissement de Lille réclame avec respect le retour à la loi de l'échelle mobile, comme pouvant seule empêcher l'avilissement comme la surélévation des prix.

Elle demande que les droits d'entrée et de sortie soient fixés une fois chaque année, au 1ᵉʳ novembre, quand l'importance de la récolte est bien connue.

Enfin, elle croit que deux classes seulement pourraient être établies, l'une au midi, depuis Bordeaux jusqu'à Lyon ; l'autre au nord, partant de la frontière de Suisse et venant aboutir au département de la Gironde. — Pour la première classe, elle considère vingt-quatre francs comme le prix rémunérateur qu'il faudrait chercher à atteindre ; — pour la deuxième classe, vingt francs lui paraîtraient être le prix au-dessus duquel l'importation n'aurait à payer qu'un droit de balance, et au-dessous duquel le droit devrait s'accroître d'un franc par chaque franc dont le cours se serait abaissé.

COMICE AGRICOLE DE CHALONS-SUR-MARNE.

EXTRAIT DU PROCÈS-VERBAL

SÉANCE DU 12 MARS 1859.

Le Comice, à l'unanimité, émet le vœu :

Que le commerce des céréales soit de nouveau régi par une législation stable et permanente ;

Que l'échelle mobile, réglant les droits à l'importation comme à l'exportation, suivant les cours à l'intérieur, continue à régir ce commerce, tout en admettant dans la réglementation pratique les perfectionnements indiqués par l'expérience.

Ce vœu sera transmis à S. Exc. le ministre de l'agriculture, du commerce et des travaux publics, à M. le préfet, ainsi qu'à MM. les députés du département.

Le président du Comice de Châlons,

PONSARD.

Le secrétaire,

ALEXANDRE AUBERT,
Curé de Javiguy.

RAPPORT SUR LA DÉLIBÉRATION QUI PRECEDE.

Quelque sympathie que l'on puisse éprouver pour une liberté complète en faveur des échanges entre nations, il faut cependant reconnaître que les constitutions économiques de chacune d'elles sont loin d'être les mêmes, et qu'ainsi, par exemple, les conditions de la production des céréales en France sont infiniment plus onéreuses que celles des immenses contrées de la Russie, de la Pologne, de l'Égypte, où se récoltent ces mêmes céréales et en quantités prodigieuses.

Et quoique des distances considérables séparent la France de ces pays de production, ces distances sont franchies si économiquement, par la marine marchande et par les chemins de fer, dont le réseau tend à se prolonger vers ces contrées, que les frais de transport, ajoutés aux prix de vente, laissent encore une différence considérable avec nos propres prix de revient ; ainsi, les blés russes valent à Odessa, en moyenne, 8 à 10 fr.; frais de transport et déchargement, 3 à 4 fr.; soit donc, rendus à Marseille, 12 à 14 fr.

Les blés d'Égypte valent à Alexandrie, 10 à 11 fr. en moyenne; les frais jusqu'à Marseille, 4 fr.; soit donc 14 à 15 fr.

La région française où le prix de revient est le moins élevé, le Nord, donne de 18 à 20 fr., et le Midi, de 20 à 22. La Champagne donne celui de 19 55[1].

---

[1] *Frais de culture et prix de revient du froment dans l'arrondissement de Châlons.*

Rendement moyen.	36 quintaux de paille.
et.	18 hectolitres de grain.
Dont il faut déduire.	2 hect. 40 de semence.

FRAIS DE CULTURE.

Loyer du sol.	60 fr. »
Absorption d'engrais.	200 »
Transport et épandage du fumier.	40 »
Labours et ensemencement..	75 »
Fauchage et liage.	20 »
Transport de la récolte.	9 »
Battage et nettoyage des grains.	50 »
Frais généraux, loyer des bâtiments ruraux, assurances, contributions, etc..	15 »
Total.	449 fr. »
Valeur de la paille à 4 fr. le quintal.	144 »
Restent	305 fr. »

qui, pour 15 hectol. 60 en produit net, portent le prix de revient de l'hectolitre à 19 fr. 55 cent.

En Champagne, les fumures pour froment nécessitent de 100 à 200 mètres

La réalisation d'un projet grandiose, et dont les résultats ne se feront sans doute pas attendre longtemps, ouvrira peut-être encore de nouvelles facilités à la production comme aux arrivages des céréales d'une des plus riches provinces de l'empire ottoman. Si donc déjà il est impossible à l'agriculture du pays de fournir ses grains aux prix auxquels peuvent arriver sur notre littoral ceux de l'étranger, la concurrence plus facile que viendraient lui faire les pays arrosés par le Nil rendrait sa situation plus difficile encore ; et d'ailleurs les tarifs réduits appliqués par les compagnies de chemins de fer aux transports des céréales faciliteront toujours à un haut degré les arrivages et leur dispersion sur tous les points de l'empire.

Que si, pour établir quelle différence énorme existe entre les frais de production des contrées que nous avons citées et ceux de notre propre pays, on entrait dans quelques détails, il suffirait de rappeler, notamment, qu'en Russie, la journée de l'ouvrier n'est payée que 40 ou 50 centimes, et que les charges qui frappent le sol sont des plus insignifiantes.

Pouvons-nous ambitionner pour nos ouvriers de semblables conditions ?

« Pouvons-nous envier l'assolement de ces contrées com-
« prises entre les bouches du Danube et celles du Volga, ne
« comprenant pas moins de 80 millions d'hectares, et où ce
« n'est qu'après quinze ou vingt ans d'intervalle qu'on revient
« demander du froment à un sol présentant un mètre et plus
« de terre végétale, enrichie par un semblable repos ? »

Et si, par contre, nous voulions signaler les causes qui rendent chez nous les charges de la culture infiniment plus lourdes, il faudrait mentionner, en dehors des faits généraux, ces faits accessoires, qui ont une portée considérable.

Ainsi, dans toutes les communes de l'empire, des amélio-

cubes de bon fumier de ferme, qui vaut aujourd'hui 6 francs le mètre sur le lieu de fabrication. Les fumures légères durent six années. Les fortes fumures ne se renouvellent qu'après des intervalles de 9, 12 et 15 ans.

Voir la statistique du canton de Châlons dressée, pour l'année 1852, par la commission cantonale.

rations de toute nature, de l'ordre le plus élevé, se produisent sous mille formes. C'est la réédification des monuments ou des établissements religieux, la construction de maisons d'école, de salles d'asile; ce sont des ouvertures de voies nouvelles, leur entretien, ce sont des augmentations de traitement au clergé, aux instituteurs, etc., etc.; toutes ces choses entraînent à de grandes dépenses. Comment subvenir à toutes ces exigences, quand la plupart de nos communes sont privées de revenus? Il n'y a qu'une ressource possible, les centimes additionnels. Sur qui frappent principalement ces charges obligatoires? Évidemment sur le détenteur du sol, propriétaire ou fermier.

Il ne faut pas méconnaître non plus ce fait, constaté du reste à toutes les époques, que l'élévation du prix des denrées alimentaires a provoqué de toutes parts et dans toutes les industries une élévation de salaire qui est venue mettre la classe ouvrière à même d'atténuer les conséquences d'une augmentation hors de proportion avec les ressources qu'elle recueille de son travail; que cette élévation des salaires, une fois acquise, ne descend plus pour rétablir l'équilibre primitif, qu'elle se maintient au contraire malgré l'abaissement du prix des céréales.

Ainsi donc, une gêne toute *momentanée*, singulièrement atténuée par les dispositions généreuses de l'Empereur, dont toutes les communes ont suivi l'exemple, a eu pour conséquence une élévation des salaires, *acquise à toujours* dans le prix de la main-d'œuvre; elle constitue aujourd'hui pour l'ouvrier honnête, laborieux, prévoyant, une position pleine de sécurité.

Cette élévation réagit sur la main-d'œuvre agricole, sur celle même des ouvriers attachés et nourris à la ferme; et cela par cette raison forcée qu'aux séductions offertes dans toutes les branches de l'industrie, il a bien fallu opposer aussi, pour retenir les ouvriers ruraux, l'appât d'un salaire plus élevé; d'où il suit que chez nous la production du sol revient plus cher encore à la suite de récoltes insuffisantes.

Évidemment, en présence de toutes ces circonstances, nos frais de production tendent à s'accroître et s'accroissent, en effet, d'une manière incessante[1].

Serait-ce donc le cas de lever les barrières qui viennent modérer, en certains cas, l'importation des céréales étrangères et de nous livrer ainsi à toutes les conséquences d'une concurrence illimitée ? Mais les résultats d'une pareille mesure sont pleins de dangers ; il n'est pas besoin d'une longue démonstration pour le prouver.

La culture des céréales cessant d'être rémunératoire, le producteur la restreint aussitôt pour y substituer des cultures presque complétement fourragères, comme en Angleterre, ou des cultures industrielles, en admettant, toutefois, que la nature du sol et ses conditions climatériques lui permettent ces substitutions.

Une révolution aussi complète ne peut qu'amener les plus graves perturbations ; la première serait infailliblement la dépréciation du sol[2], son abandon peut-être[3], puis la cala-

[1] D'après M. Quesnay, le setier de blé (1 hect. et demi) coûtait, de son temps, au fermier, 14 livres 15 sols 8 deniers de frais de production.

Cette note est empruntée à un mémoire présenté en 1852 par M. Maury, négociant en grains à Villefranche, à la Société d'agriculture, commerce, sciences et arts de la Marne, à la suite d'un concours ouvert par cette Société sur la question du maintien ou de la suppression de l'échelle mobile ; le mémoire de M. Maury, concluant en faveur du maintien de cette législation, a remporté le prix offert.

[2] Sous l'empire de la loi de l'échelle mobile, c'est-à-dire avant 1846, le loyer de la terre était en Angleterre de 50 à 70 schellings par acre. — Par suite de la réforme de sir Robert Peel, il se produit un abaissement notable dans le prix du blé, c'est-à-dire que le quarter de blé tombe de 120 schellings à 56 et même à 40 ; force est donc aux propriétaires de réduire le taux du fermage, et ce loyer descend à 20 ou 25 schellings l'acre ; la culture des céréales s'arrête sur quelques points qui se transforment en pâturages. Mais la réforme de 1846, en Angleterre, n'atteint que l'aristocratie territoriale, c'est-à-dire environ 30,000 propriétaires auxquels, en raison de leurs immenses fortunes, on a pu, sans danger, demander le sacrifice d'une portion de leurs revenus territoriaux.

En France, on compterait par millions les propriétaires qui seraient atteints par semblables réformes. (M. Maury)

[3] La Champagne commence à défricher les plantations de sapins qui couvrent une partie de son sol ; elle rend ainsi à la culture des espaces importants. Ce mouvement s'arrêtera infailliblement si la culture des céréales ne lui présente pas une rémunération suffisante.

miteuse perspective de nous rendre, dans un temps donné, tributaires de l'étranger pour notre propre alimentation.

Dans l'hypothèse, bien facile à admettre, d'une notable dépréciation de la valeur du sol, les revenus de l'État provenant des droits de mutation et d'enregistrement se trouvent gravement atteints ; ceux des départements et des communes en subissent forcément le contre-coup.

Et si déjà les populations ont une tendance trop accusée, trop sollicitée à déserter les travaux de l'agriculture, que sera-ce si cette tendance est encouragée par suite de mesures qui viendraient leur retirer les garanties données par la législation de 1832 ?

En effet, en présence de toutes les charges, de toutes les difficultés qui pèsent sur la carrière agricole, la génération actuelle est très-peu disposée à y consacrer son intelligence et ses capitaux.

Cette répulsion serait singulièrement augmentée par la certitude que la législation protectrice peut être anéantie, ou même par cette inquiétude qu'aucune loi fixe, invariable, ne saurait lui garantir ni son avenir ni sa sécurité, lesquels seraient au contraire constamment en butte aux attaques incessantes de novateurs plus hardis que soucieux des premiers intérêts du pays.

Il y a donc au contraire nécessité urgente à rassurer les possesseurs du sol, les cultivateurs, pour les retenir dans leurs positions, et les engager même à y diriger les aptitudes de leurs enfants.

Sans doute il serait préférable que l'industrie agricole pût vivre et prospérer sans avoir besoin d'être protégée ; mais si cette protection assure la prospérité, la sécurité, la richesse du pays, ce n'est certes pas le producteur seul qui profite, c'est bien le pays tout entier. Et d'ailleurs cette protection que nous demandons, elle existe en faveur d'autres industries nationales. Nos houilles ne sont-elles pas garanties contre les houilles étrangères ; nos huiles contre les sésames ; nos usines,

nos établissements métallurgiques contre les productions similaires.

Notre marine marchande elle-même ne trouve-t-elle donc
pas aussi un encouragement qui lui est nécessaire, une protection dans les différences de droits à l'entrée comme à la
sortie de certaines denrées qu'elle transporte, dans les primes
qui lui sont même accordées en certains cas, et cela pour la
sauvegarder contre la modicité des salaires dont se contentent
les équipages grecs, anglais et américains?

Pouvons-nous donc produire nos céréales à aussi bon marché que certaines contrées, quand tous nos frais sont bien
plus élevés?

Rentes de la terre, impôts, matériaux et main-d'œuvre.

Rentes de la terre : Le possesseur du sol est-il si favorisé par
les lois protectrices, que les revenus qu'il tire de sa propriété
constituent un privilége, une position exceptionnelle, hors de
toute proportion avec les revenus donnés par les capitaux
employés de mille autres manières? Tout le monde sait parfaitement que le revenu foncier donne 2 à 3 0/0 au plus du
capital employé. En Champagne, ce revenu ne présente pas
plus de 1 1/2 à 2 0/0. Y a-t-il là exagération?

On objectera, sans doute, que ce faible revenu est la conséquence naturelle de la sécurité demandée ou attachée à la
possession du sol. Nous répondrons par l'exemple de ce qui
s'est présenté à la suite de la Révolution de février. Les prix
du blé et des autres céréales diminuent de 25 0/0 et restent
pendant trois années dans de basses limites. Les fermiers qui
avaient contracté leurs baux sur le prix moyen de 20 fr.
éprouvent pendant ces trois années 25 0/0 de perte. Quelques-uns furent indemnisés, les autres ne consentirent à réaf-
fermer qu'en nature, voulant ainsi mettre, en partie, à la
charge du propriétaire les éventualités politiques.

Les impôts : Mais le gouvernement, les départements, les
communes ne sont-ils pas surchargés de besoins immenses
auxquels il faut bien satisfaire? Faites que ces besoins soient

moindres et nous accepterons de grand cœur une réduction qui, tout en nous soulageant les premiers, atténuera nos frais de production.

Les matériaux que nous employons : Réduisez les salaires de ceux qui nous les préparent et les profits qu'en tirent les exploitants ; nous ne demanderons pas mieux, si ces réductions ne frappent pas au cœur la consommation de toutes les productions nationales, industrielles ou autres.

Restent les salaires : Aurait-on la prétention d'abaisser la main-d'œuvre agricole de beaucoup au-dessous des salaires industriels, et surtout de les rapprocher de ceux de la Russie, de la Pologne et de l'Égypte ? Une pareille prétention serait un blasphème contre lequel on reculerait, si osé que l'on soit.

Mais on nous dit avec une certaine prétention doctorale : Vous ne produisez pas assez, changez vos assolements, et surtout imitez l'Angleterre, l'Amérique ; servez-vous des grandes machines, elles réduiront merveilleusement vos frais, c'est là qu'est le nœud de la question.

Que semblable panacée soit conseillée par des agronomes de cabinet, cela est très-concevable ; il est si séduisant d'admettre que la mécanique puisse partout obvier à la rareté des bras, qu'on se laisse facilement aller jusqu'à prétendre que cela se peut, que cela doit être ; et que si, en agriculture, on n'agit pas à la façon des autres grandes industries, cela tient uniquement à l'esprit de routine ; que cet esprit de routine est entretenu par les lois protectrices à l'ombre desquelles on s'endort dans une immobilité déplorable à tous les points de vue, mais que la suppression de ces lois ferait forcément sortir le cultivateur de l'ornière dans laquelle il se traîne de génération en génération.

Tout cet échafaudage de récriminations et de pitié doit crouler au moindre examen.

D'abord la question des assolements est toute jugée par les combinaisons nouvelles dans lesquelles est entrée bien résolûment une bonne partie de l'agriculture française. Voyez le Nord, la Picardie, la Brie, etc., etc.; partout où elles seront praticables, ces combinaisons feront leur chemin, soyons-en bien certains.

Mais consultez les matrices et les plans du cadastre, voyez le nombre infini des cotes, et dites si, en présence de parcelles aussi nombreuses, aussi enchevêtrées les unes dans les autres, les grandes machines que vous nous conseillez sont applicables.

Nous avons vu fonctionner les charrues à vapeur, elles faisaient de bonne besogne, mais à quelle principale condition? à celle de travailler dans de vastes plaines; vous savez comme nous tout l'attirail, tous les engins qu'elles exigent, et, en bonne conscience, on peut affirmer que leur application sera, chez nous, toujours excessivement exceptionnelle, que la généralité ne peut se les approprier.

Les machines à moissonner : elles ont travaillé chez nous-même, elles deviendront parfaites, nous en avons la conviction, mais jamais elles ne seront applicables à la culture morcelée. Jamais ces instruments de grande voracité, labourant ou fauchant 5 hectares par journée, ne pourront être introduits dans l'immense majorité des cultures françaises [1]; ce qu'il leur faut, c'est, comme nous le disions plus haut, de vastes plaines, de grandes propriétés d'un seul tenant; or la terre n'est plus en France l'apanage de quelques familles seulement, le sol est accessible à tous, les grandes propriétés

[1] Ces affirmations ne doivent pas faire considérer la Champagne comme rebelle à l'introduction des instruments de progrès. — Notre province est celle où existe le plus grand nombre de machines à battre. — Des cultivateurs tels que MM. Barrois, Varin, Lamairesse, etc , introduisaient dans leurs exploitations la machine suédoise dès 1826, alors même que la Brie, la Picardie, la Flandre française ne la connaissaient encore que de nom. — M. Barrois faisait lui-même les modèles de sa machine, dont il confiait l'exécution à l'École d'arts et métiers de Châlons — L'auteur de ce mémoire, commençant sa carrière agricole en 1830, introduisait chez lui la machine à battre en 1831.— Les tarares, les hache-pailles, les coupe-racines, les concasseurs sont répandus dans la majeure partie de nos modestes exploitations. Le meilleur tarare, récompensé à l'Exposition agricole universelle, se fabrique depuis plus de 25 ans à Cheniers, près Châlons.

disparaissent chaque jour, elles se divisent, se morcellent à l'infini [1].

Veut-on le retour aux conditions sociales et économiques du pays avant 1789; veut-on la constitution, la propriété comme en Angleterre, comme en Russie? qu'on ait alors le courage de le soutenir et de provoquer une telle solution; mais avant qu'elle se produise, il faut bien se résigner à prendre les choses comme elles sont réellement; avant d'arriver à pouvoir niveler les prix de revient, commençons par niveler les situations.

Reconnaissons donc qu'il n'y a rien d'humiliant pour nous à réclamer aussi notre part de protection, et n'oublions pas que ce qui vit de la culture du sol constitue plus des deux tiers de la population totale du pays.

A toutes les époques, tous les gouvernements ont reconnu l'indispensable nécessité de protéger et d'encourager la production nationale; à toutes les époques, des mesures, indiquées par les circonstances, sont venues, sous toutes formes, témoigner quel intérêt de premier ordre s'attachait à maintenir et à développer cette production en la défendant contre les concurrences qu'à toutes les époques aussi pouvait lui susciter l'introduction des grains étrangers [2].

Si diverses modifications aux lois protectrices se sont produites sous l'empire de telle ou telle circonstance, le principe n'en a pas moins été virtuellement maintenu; et ces modifications se sont confondues pour venir enfin aboutir à la combinaison la plus rationnelle, la plus logique, c'est-à-dire à l'adoption d'une échelle mobile graduant les droits à l'entrée comme à la sortie, de telle sorte, d'une part, que l'alimentation du pays fût toujours garantie et abritée contre des prix ex-

---

[1] Suivant M. Passy, le système de la petite culture peut nourrir 80 individus par kilomètre carré, tandis que le système de la grande n'en peut nourrir que 70. (M. Maury, déjà cité.)

[2] Édits de saint Louis, de Philippe le Bel, de François Ier, de Henri IV, de Louis XIII, de Louis XIV, de Louis XV, de Louis XVI.

cessifs de l'intérieur, et, d'autre part, que la production des céréales donnât une rémunération légitime aux détenteurs du sol.

Depuis l'existence de cette législation, dont l'origine remonte à 1814, et dont la modification la plus importante, l'échelle mobile, a été empruntée au pays regardé comme le plus avancé en matière d'échanges, depuis cette législation, l'agriculture française a pu se livrer, sans préoccupations inquiétantes, avec toute confiance, à tous les développements qu'elle comporte pour arriver ainsi progressivement à une production telle que, bon an mal an, elle assure et au delà la consommation du pays [1], et que la propriété foncière a acquis une valeur toujours croissante jusqu'à ces derniers temps, où des préoccupations nouvelles et regrettables sont venues arrêter son essor [2].

Suivant l'exposé de M. le ministre de l'agriculture et du commerce, la loi de 1832 a eu pour effet de supprimer les prohibitions à l'exportation comme à l'importation, et de les remplacer par un tarif convenablement gradué sur le véritable cours des céréales; tarif qui rendrait le droit insensible quand la cherté dépasserait certaines limites, et l'augmenterait, au contraire, dans l'hypothèse d'une baisse nuisible au producteur. Cette combinaison, en affranchissant le commerce des grains des hasards auxquels il était alors livré, devait lui donner plus de sécurité, lui permettre de prévoir les variations des cours et d'y faire face sans danger, en même temps qu'elle garantissait l'agriculture des brusques secousses que lui imprimaient ces importations irrégulières, faites à la hâte, qui jetaient sur le marché de grandes masses de grains étrangers et causaient fréquemment des perturbations funestes. Par là, les cours conservaient plus de fixité et nos

[1] MM. Charles Dupin et de Gasparin.

[2] La production du froment, qui n'était que de 39,400,971 hectolitres en 1815, atteignait, en 1847, 97,611,140 hectolitres; aujourd'hui elle dépasse 100 millions.

marchés ne devaient plus être aussi fortement affectés par des alternatives de surabondance et de pénurie.

La loi de 1832 constitue donc la situation la plus rassurante au point de vue de tous les intérêts engagés dans la question : alimentation publique, production nationale, transactions commerciales.

Si le régime prohibitif antérieur à cette loi avait fait son temps, il était impossible de lui substituer une liberté indéfinie ; l'agriculture française qui occupe 24 millions de bras, dont la prospérité ou la gêne réagissent sur le pays tout entier, ne pouvait être exposée à une concurrence désastreuse ; et si les théories du libre échange ont pu, chez nous, sourire à quelques économistes, il en est bien peu parmi eux qui aient soutenu, contre toute évidence, que la production du sol pouvait se passer de protection.

Aussi, tout en attaquant l'échelle mobile, tout en demandant sa suppression, propose-t-on son remplacement par un droit fixe, invariable. C'est donc la reconnaissance formelle que l'agriculture française a besoin d'être sauvegardée contre l'importation étrangère. C'est exactement ce que nous soutenons, seulement nous différons sur les moyens.

Les partisans de la suppression de l'échelle mobile invoquent, à l'appui de la thèse qu'ils soutiennent, les résultats obtenus par la levée des droits qui frappaient l'entrée du bétail étranger, mesure qui n'aurait pas, comme le redoutaient alors les producteurs français, occasionné la moindre baisse dans le prix de vente de leur bétail. Si une partie de cette assertion est exacte, on peut objecter qu'il serait bien plus exact encore de reconnaître que la consommation de la viande a pris, notamment depuis douze à quinze ans, de telles proportions, qu'il est bien avéré que la production nationale était devenue réellement insuffisante, ainsi, d'ailleurs, qu'elle l'a toujours été, et cela contrairement à la production du froment ; que cette consommation, loin de se ralentir, tend au contraire, sous l'influence de plusieurs causes qu'il est inutile d'énumérer ici, à s'accroître de plus en plus, et entre chaque jour davantage dans les besoins et dans les habitudes de chacun.

Il est donc impossible d'établir la moindre analogie entre la consommation de la viande et celle du pain.

Celle-ci n'a pris aucune extension relativement à chaque individu, et elle n'en saurait prendre. La consommation individuelle a bien plutôt une tendance contraire, par le fait même de la quantité de viande qui vient se substituer dans l'alimentation des classes qui, précédemment, n'en faisaient qu'un usage très-limité ; car il est bien évident aussi que, sous ce rapport, nous marchons résolûment dans la voie tracée par l'Angleterre, l'Allemagne et la Belgique.

Les moins hardis des réformateurs proposent donc, en place de l'échelle mobile, un droit fixe, invariable, sur lequel le commerce puisse toujours compter pour se livrer, sans secousses, sans perturbations, aux transactions sur les céréales.

L'établissement d'un droit fixe quelconque, pour être protecteur, doit être la représentation moyenne de la différence entre le prix de vente, bénéfice compris, des blés de telle ou telle zone, ou de l'ensemble des zones, et le prix de revient à la frontière des grains étrangers, sans quoi il n'aurait pas sa raison d'être.

Et d'abord on se demandera sur quelles bases on déterminera tel chiffre plutôt que tel autre.

Sera-ce sur la différence qui existe entre les blés d'Odessa, amenés au port de Marseille, et les blés français ? Sera-ce sur les blés d'Égypte, sur les farines d'Amérique et ces mêmes grains français ? Sur les premiers on a admis, suivant quelques personnes, une différence de 6 fr. par hectolitre[1] ; le

[1] Note de M. Bergasse à l'académie de Rouen en 1851 : « J'ai suivi avec soin la marche du prix des blés depuis 1825, j'ai remarqué que jusqu'en 1847 il y avait eu constamment une différence de plus de 6 à 7 fr. entre le prix de nos blés nationaux et celui des blés de la mer Noire dans les entrepôts d'Ancône, Marseille et Hambourg. » (M. Maury.)

droit fixe ne saurait donc être inférieur à ce chiffre pour les blés de cette provenance ; si la différence est moindre sur d'autres, il faudrait atténuer le droit à l'importation et le graduer sur telle ou telle provenance ; voilà bien des embarras, bien des difficultés, bien des chances de fraudes.

Mais, quel que soit le chiffre auquel on s'arrête, chiffre unique pour toute provenance, le droit devant toujours rester invariable, même en année calamiteuse, il en résultera que les grains étrangers ne pourront nous arriver sans cette taxe ; ils ne pourront plus alors, en faisant concurrence aux blés français, amener une diminution de prix, de telle sorte qu'au cas prévu le droit fixe serait réellement une aggravation pour le consommateur. Probablement, ce n'est pas là ce que veulent les partisans du droit fixe.

Que si, contrairement à leurs prévisions, le gouvernement, c'est son droit et son devoir, supprime, en année calamiteuse, tout droit à l'importation, *salus populi suprema lex*, que devient alors la moyenne adoptée ? Faudra-t-il, pour rétablir l'équilibre un moment rompu, revenir à un système de compensation, comme pour la boulangerie parisienne ?

Ce droit fixe invariable, que l'on propose, que l'on a même, je crois, indiqué devoir être de 2 fr. par quintal, n'a, disons le mot, été imaginé que pour donner au commerce des céréales toute la sécurité qu'il se plaint de n'avoir pas avec l'échelle mobile, et je crains bien que, dans cette circonstance, on n'ait fait quelque peu bon marché des producteurs.

Oui, dans les années de disette, pour subvenir aux besoins des populations, il faut faire arriver en France les blés étrangers, il faut même encore, en année peu abondante, faciliter cette introduction pour empêcher une surélévation exagérée, eu égard à l'importance de nos récoltes. Qui doit faire arriver ces grains ? le commerce. Mais le commerce se plaint que l'échelle mobile le place dans une position pleine d'incertitudes et de dangers.

Dans les mauvaises années, le prix des grains s'élève tout

aussitôt après la récolte, mais si au mois de mai la récolte suivante se présente bien, les négociants, les cultivateurs aisés qui avaient conservé dans l'espoir de prix plus élevés, s'empressent de jeter leurs grains sur les marchés, il en résulte une baisse rapide et considérable. Qu'un spéculateur ait donc acheté en Russie ou ailleurs des blés qui n'arriveront en France qu'au mois de mai ou de juin, la baisse survenue en France ayant eu pour résultat d'élever les droits à l'entrée, ce commerçant sera exposé à une perte considérable, tandis qu'avec le droit fixe, sur lequel il aura compté d'avance, le dommage sera moindre.

Voilà l'objection.

Mais le négociant sérieux, prudent, qui n'a pas l'habitude de contracter ni d'agir au hasard, manque-t-il donc de moyens de se renseigner sur les véritables causes de l'élévation des prix et sur les ressources réelles de telle ou telle zone ? Ne sait-il pas s'il existe ou non chez le spéculateur, chez le propriétaire, de ces réserves, attendant, pour sortir des magasins, des prix plus élevés encore ?

Quelque respectables que soient les intérêts des commerçants en grains, quelque sympathie qu'ils puissent inspirer, si légitime que soit la protection que le gouvernement accorde à ces transactions, surtout quand elles ont pour mission de venir en aide à l'alimentation publique en temps de crise, il n'en est pas moins exact que les risques que court, en pareille matière, le spéculateur sont une de ces chances auxquelles il est exposé tous les jours.

Il faut encore remarquer que la position du commerce est aujourd'hui bien meilleure qu'à l'époque où fut promulguée la loi de protection. Les relations avec tous les pays de production n'étaient favorisées ni par les voies ferrées, ni par les transmissions télégraphiques qui relient d'une manière si merveilleuse tous les points du globe. Grâce à ces nouveaux et précieux moyens de communication, le commerce est instantanément renseigné, il peut transmettre ou retirer ses ordres ou ses offres avec une facilité inouïe.

Et d'ailleurs, qu'il arrive une année réellement calamiteuse, que l'intérêt de l'alimentation commande des mesures exceptionnelles, le législateur saura toujours bien pourvoir aux éventualités et rassurer la spéculation, en disposant comme il l'a fait par la loi du 28 janvier 1847, que, jusqu'à une époque suffisamment éloignée pour que les arrivages aient pu la précéder, les droits seront maintenus à un taux modéré.

Ce n'est, du reste, qu'avec une extrême prudence que le gouvernement doit avoir recours aux moyens transitoires propres à faciliter l'importation des grains étrangers, en cas de véritable insuffisance ou de simple panique ; car il arrive presque toujours que les arrivages dépassent les besoins et que les excédants invendus, quelque faibles qu'ils soient, deviennent pour longtemps, comme on l'a vu après 1819 et après 1847, une cause d'avilissement dans les prix, comme nous le voyons encore en 1858 et 1859, où les bas prix actuels sont l'effet d'une introduction exagérée, et où nous nous croyons fondés à dire que l'excédant des exportations sur les importations ne vient pas d'une récolte extraordinaire, mais bien de la sortie des céréales entrées sous l'empire de mesures qui avaient provoqué leur introduction dans des proportions excédant les véritables besoins.

En résumé, la liberté absolue amènerait fatalement la ruine de notre agriculture.

L'établissement d'un droit fixe, invariable, est à peine un semblant de palliatif ; ce droit ne remédie à rien. Les intérêts du commerce, derrière lesquels on s'abrite pour demander cette grave modification à la législation actuelle, ne sont pas aussi sérieusement engagés dans la question qu'on voudrait le faire croire, nous croyons l'avoir démontré ; cette proposition, disons-le nettement, n'est pas le dernier mot de nos réformateurs, c'est bien plutôt un acheminement vers la réalisation de doctrines beaucoup plus radicales.

La loi de 1832 est, au contraire, l'expression la plus sincère, la plus équitable et la plus éclairée de la protection que nous réclamons en faveur de l'agriculture, qui ne peut rester désarmée, pas plus que ne le sont certaines productions, certaines industries ; les dispositions que cette loi a consacrées offrent, en effet, ce double avantage que, tout en nous faisant participer aux bienfaits de la liberté commerciale et en nous donnant la certitude d'avoir, en tout temps, nos subsistances à des conditions modérées, elle assure au cultivateur un prix de vente indispensable pour couvrir les frais de production et le payer de ses peines ; c'est là ce qui résulte du relevé du prix moyen du froment en France, de 1815 à 1853.

Ce relevé donne un cours moyen de 19 fr. 94 de 1815 à 1850 (malgré l'année 1817 qui donne un prix moyen de 36, 16, et l'année 1847 qui relève celui de 29,04) ; depuis 1820 jusqu'à 1853, le prix moyen est de 19 fr. 05 (malgré encore 1847). En présence de ces chiffres, est-on bien fondé à avancer que l'échelle mobile favorise le cultivateur au delà du juste, quand surtout les statistiques constatent qu'en France la production coûte de 18 à 20 fr. au minimum ?

Disons donc qu'étant bien établi que l'agriculture française ne saurait se passer de protection, il y a lieu pour elle de solliciter le maintien des combinaisons les plus naturelles, les plus rassurantes pour l'avenir au point de vue de ces deux grands intérêts, la consommation et la production.

Que le maintien du principe de l'échelle mobile, principe fécond qui a fait ses preuves et augmenté la production nationale, peut satisfaire à toutes les exigences.

Ayons confiance dans la haute sagesse de l'Empereur, rappelons-nous toutes ses sympathies, toute sa sollicitude pour les hommes d'ordre et de travail ; soumettons-lui nos vœux, et la cause que nous défendons sera sauvée par la main qui déjà nous a tirés de tant de ruines et de misères.

SOCIÉTÉ D'AGRICULTURE DE BAR-LE-DUC.

DÉLIBÉRATION.

La Société d'agriculture de l'arrondissement de Bar-le-Duc,

En ce qui concerne l'état actuel du marché des céréales en France,

Considérant que le prix actuel des blés en France, malgré son grand abaissement, est cependant encore rémunérateur à raison de l'excessive abondance de la récolte de 1858 ;

Qu'en effet le prix de revient d'un hectare ensemencé en blé, dans le département de la Meuse du moins, peut être fixé approximativement comme suit :

Location de la terre........	52.50
Labours..................	42 00
Engrais.	37.50
Semence	48.00
Contributions et frais généraux..................	12.00
	192 00

les frais de battage et de moissons n'étant pas comptés, comme se trouvant largement compensés par la paille ;

Que, moyennant cette dépense de 192 fr., les cultivateurs de la Meuse ont obtenu en moyenne, en 1858, un rendement de 18 hectolitres à l'hectare, qui, à raison de 14 fr. l'un, ont produit 252 fr. ;

Qu'ils ont donc obtenu en 1858 un bénéfice net de tous frais, même de ceux de location de la terre, de 60 fr. par hectare;

Considérant que, si, dans certaines localités éprouvées par la grande sécheresse de 1858, le prix actuel n'est pas suffisamment rémunérateur, au moins il est vrai de dire que dans un grand nombre d'autres, probablement dans la généralité des parties de la France, incontestablement dans les départements de l'Est, ce prix est en rapport, d'une part, comme il a été précédemment établi, avec le produit de la récolte de 1858, d'autre part, avec les cours des années 1854, 1855 et 1856, pendant lesquelles personne ne plaignait, et tout le monde enviait, au contraire, le sort des cultivateurs;

Qu'en effet, si l'on prend, 1° le rendement moyen de la Meuse en 1854, 1855 et 1856, qui a été de 12 hectolitres par hectare, et son prix moyen de vente qui a été de 29 fr.; 2° le rendement moyen de 1858, qui a été de 18 hectolitres par hectare, et son prix moyen de vente qui a été de 14 fr. l'hectolitre;

Si l'on déduit de ces quantités le blé consommé dans la ferme, que l'on peut évaluer à :

	hectol.
Pour semence................	2.40
Pour moisson................	1.20
Pour battage................	1.00
Pour nourriture des gens de la ferme................	2.00
	6.60

on voit que le cultivateur a retiré d'un hectare de blé,

en 1854, 1855 et 1856, 5 hectolitres 40 litres à
29 francs.. . . . .   156^f 60
et en 1858, 11 hect. 60, à 14 francs. 162.40

ce qui constitue en sa faveur un avantage de   5.80
en 1858.

En ce qui concerne la question générale de la législation qui convient le mieux à la France,

Considérant que le régime de droits variables à l'entrée et à la sortie des céréales en France a pour but reconnu de diminuer le prix des blés sur nos marchés en temps de rareté et de l'élever en temps d'abondance ;

Considérant que le but, qui, à la vérité, est très-rarement atteint, est injuste au fond, car il consiste à faire payer au consommateur sa nourriture à un prix plus élevé que celui résultant de la production dans certaines années, et à priver, dans d'autres, le producteur du prix qu'il a le droit d'exiger de ses denrées, à raison de la faible quantité qu'il a récoltée ;

Considérant que ce but est injuste en la forme ; car le nombre d'années d'abondance n'étant pas exactement et dans les mêmes proportions égal au nombre d'années de rareté, il en résulte toujours finalement une perte, soit pour le consommateur, soit pour le producteur, et un bénéfice illicite correspondant, soit pour l'une, soit pour l'autre de ces deux classes de citoyens ;

Considérant que le régime dit de l'*échelle mobile* est presque constamment inefficace à atteindre le but pour lequel il a été établi ; car l'on remarquera qu'en France, sous ce régime, le prix du blé a été, dans certaines années, aux cours les plus bas, à des cours inférieurs même à ceux que nous voyons aujourd'hui, et, dans d'autres, à des cours excessivement élevés ; tandis qu'en Angleterre, depuis l'inauguration du régime de la liberté commerciale en ce qui concerne les céréales, l'écart entre les prix des années d'abondance et ceux des années de disette a considérablement diminué sans que l'on ait employé, pour arriver à ce résultat, aucune mesure législative ou autre portant atteinte aux droits des citoyens ;

Considérant que le régime des droits variables, en entravant la liberté du commerce des céréales, et en le tenant constamment dans la crainte de variations dans le montant des droits perçus, empêche que nous n'établissions avec l'étranger des relations sûres et suivies, et, tout en nuisant considérablement au développement de notre marine, compromet l'approvisionnement de la France dans les années de rareté et l'écoulement de son trop-plein dans les années d'abondance ;

Considérant que ce régime, qui a pu avoir sa raison d'être à une autre époque, lorsque notre agriculture, dans l'enfance, n'était ni riche ni intelligente comme elle l'est maintenant, lorsque nos voies de communication n'étaient pas créées, lorsque notre marine était insuffisante à nos besoins d'importation et d'exportation, n'est plus aujourd'hui en rapport avec l'état de notre civilisation ; que nous sommes dans des conditions au moins aussi avantageuses que toute autre nation pour produire du blé, que nous n'avons rien à redouter de la concurrence étrangère qui, toujours, en tous temps, trouve à notre porte le marché anglais disposé à acheter ses produits à un prix constamment supérieur à celui des mercuriales françaises ;

Considérant enfin qu'il serait injurieux pour la dignité de l'agriculture française, soit de recevoir, soit, à plus forte raison, de réclamer une protection qui, à raison des conditions économiques, atmosphériques, agricoles et géographiques dans lesquelles elle se trouve placée, contiendrait une imputation implicite d'ineptie et d'incapacité, qui, incontestablement, ne sont pas son fait, et qu'elle repousse énergiquement,

Déclare que le prix actuel du blé, à raison de la grande abondance de 1858, est rémunérateur ;

Estime que le régime de la liberté absolue du commerce des céréales est celui qui convient le mieux à la France.

Le secrétaire de la Société,

GODART.

SOCIÉTÉ D'AGRICULTURE DE LA DORDOGNE.

DÉLIBÉRATION.

La Société d'agriculture de la Dordogne émet le vœu :

1° Que le commerce des céréales soit régie par une loi protectrice ;

2° Que cette législation ait pour double résultat d'assurer les débouchés des produits agricoles et de protéger par un droit variable les blés à l'importation ;

3° Que le gouvernement établisse chaque année et au 1ᵉʳ novembre les taux des droits protecteurs qui devront être perçus.

Le président,
Comte DE CRÉMON.

COMICE AGRICOLE DE SEINE-ET-OISE.

DÉLIBÉRATION.

L'assemblée des Délégués du Comice agricole de Seine-et-Oise émet le vœu que le principe de l'échelle mobile soit maintenu.

Quant au surplus : la diminution des classes, la révision du tableau des marchés régulateurs, celle des prix limites, elle déclare manquer de temps pour formuler son opinion à cet égard dans cette séance.

Secrétaire-archiviste du Comice.
PAICHARD JOUVANCE.

COMICE AGRICOLE DE MONTDIDIER.

SÉANCE GÉNÉRALE DU 9 AVRIL 1859.

DÉLIBÉRATION.

Le Comice approuvant les considérations précédentes, et plein de confiance dans la sollicitude que le gouvernement de l'Empereur a constamment montrée pour les intérêts de l'agriculture, arrête la délibération suivante :

Considérant que l'avilissement du prix des céréales est contraire aux intérêts généraux de la consommation et de la production ;

Considérant que le système du libre échange ou de la liberté absolue du commerce des céréales n'est pas en rapport avec les conditions actuelles de l'agriculture ;

Considérant qu'un droit fixe ne connaissant ni les années d'abondance ni les années de disette frappe toujours avec inintelligence le producteur et le consommateur ;

Considérant que l'émigration des populations rurales devient chaque jour plus générale et plus menaçante ; que l'agriculture, qui est en perte sur la vente de ses produits, ne peut les combattre en augmentant le salaire de ses ouvriers ;

Considérant que sous le principe de la loi de l'échelle mobile, la production des céréales a atteint le chiffre de cent millions d'hectolitres et que dès lors, sauf les années calamiteuses, l'alimentation de la France est largement assurée ;

Le Comice émet le vœu :

Que la loi du 15 avril 1832 soit conservée dans son principe, sauf à en modifier les classes et les zones ;

Que les engrais agricoles, notamment le guano, soient affranchis de tout droit d'entrée, ainsi que les instruments destinés à l'agriculture.

Le président du Comice,
Comte DE VIGNERAL.

COMICE AGRICOLE DE LAPALISSE.

EXTRAIT DU REGISTRE DES DÉLIBÉRATIONS.

SÉANCE DU 4 AVRIL 1859.

M. le président expose que, sur la demande de plusieurs membres du Comice et agriculteurs du pays, il a cru devoir consulter le Comice au sujet de la loi à intervenir sur le commerce des céréales dont les populations agricoles sont vivement préoccupées.

Pour éclairer le Comice, il donne lecture de la proposition présentée par M. Delavergne à la Société impériale et centrale d'agriculture, ainsi que de celle faite à la même Société par M. Darblay aîné, et il ouvre la discussion.

Plusieurs membres ayant pris successivement la parole, un d'entre eux résume le résultat de la discussion et présente un projet qui est adopté à l'unanimité par les membres du Comice.

Ce projet est ainsi conçu :

Le Comice considérant :

« 1° Que toute loi devant régir le commerce des céréales doit avoir un caractère fixe permanent qui garantisse la sécurité des transactions ;

« 2° Que les charges de toute nature qui pèsent sur l'agriculture en France élèvent d'autant plus le prix de revient de ses produits et ne lui permettent pas de les livrer aux mêmes taux que les pays mieux favorisés sous ce rapport et sous celui de la main-d'œuvre ; qu'il est juste et prudent de rétablir l'équilibre par un droit protecteur à l'entrée des blés étrangers, variable selon l'intérêt qu'il doit protéger ;

« 3° Considérant que, si l'agriculture française a fait pendant quarante ans sous le régime de l'échelle mobile des progrès incontestables, on ne comprend pas les attaques contre une loi dont les heureux résultats sont acquis à l'expérience ;

« 4° Considérant que l'établissement d'un droit fixe quel qu'il soit, arbitraire dans sa fixation, ne saurait convenir également aux variations fréquentes et considérables des cours intérieurs, sans blesser, selon le cas, l'intérêt du producteur et celui du consommateur : que ce droit fixe, dit droit de douane, n'est qu'un acheminement à la théorie du libre échange dont l'application à l'agriculture seule achèverait sa ruine et l'abandon des champs, demande que le commerce des céréales cesse d'être régi par des mesures provisoires pour mettre fin à l'incertitude et au découragement dans les transactions, et qu'il soit replacé sous la protection de l'échelle mobile avec les modifications que le taux et la facilité des communications rendent nécessaires.

Il exprime le vœu que les marchés du centre soient compris au nombre des marchés régulateurs. Il exprime en outre le vœu que les engrais étrangers soient affranchis de tous droits d'entrée.

. . . .

. . . .

M. le président, n'ayant plus rien à soumettre à l'assemblée, déclare la séance levée.

Ont signé : MM. les membres composant le bureau du Comice ci-dessus désignés.

Pour extrait certifié conforme :

Le président du Comice,
MEILHEURAT.

SOCIÉTÉ D'AGRICULTURE DE SEINE-ET-OISE.

EXTRAIT DU PROCÈS-VERBAL

DE LA SÉANCE DU 20 MARS 1859.

Monsieur le président, après avoir provoqué de nouvelles observations, a prononcé la clôture de la discussion ; il en a fait un résumé succinct, remarquable de clarté, et il a posé les deux propositions qui en ressortent.

La première aurait pour but la suppression de la législation actuelle, l'échelle mobile, à laquelle on substituerait la liberté illimitée de l'exportation et un droit fixe à l'importation.

Par la seconde proposition, la législation de l'échelle mobile serait maintenue, sauf la modification des droits et celle des zones départementales, par où s'opèrent les relations commerciales des grains, dont l'expérience réclame la modification.

Les deux propositions sont mises successivement aux voix, et une grande majorité se prononce pour le maintien de la législation actuelle avec les modifications indiquées.

SOCIÉTÉ D'AGRICULTURE DE CAEN.

DÉLIBÉRATION.

La Société d'agriculture et de commerce de Caen,

Considérant que, lorsqu'en 1855 la disette se produisit en France, le commerce des céréales était réglementé par une législation inspirée autant par une pensée de protection de l'industrie agricole que par le besoin d'assurer l'alimentation publique aux meilleures conditions possibles ;

Qu'à l'exemple d'une nation voisine, nous avions établi chez nous le régime de l'échelle mobile, c'est-à-dire un système qui assujettit à certains droits variables l'importation et l'exportation des grains, suivant que les prix auxquels ils se vendaient sur nos marchés étaient plus ou moins élevés ; mais qu'en présence du déficit considérable qui s'était produit dans la récolte de 1852, le gouvernement dut suspendre l'application des mesures ordinaires ; qu'il ouvrit toutes les avenues ; qu'il affranchit de tous droits les graines et les farines venant de l'étranger ; qu'il abaissa les tarifs des entreprises de transport, et ne négligea aucun moyen pour assurer l'approvisionnement de la consommation ;

Que la suspension des lois sur l'échelle mobile devait

14

durer jusqu'au 50 septembre 1858, mais qu'un décret a prorogé le régime de la liberté du mouvement des grains jusqu'au 50 septembre 1859 ; que, dans ces circonstances, une discussion s'est produite entre les économistes, les commerçants et les producteurs, sur la convenance et l'utilité des mesures restrictives de la liberté du commerce des céréales ;

Considérant que le gouvernement a ouvert à ce sujet une enquête devant le conseil d'État, et que dès lors la Société d'agriculture et de commerce de Caen regarde comme un devoir d'exprimer son opinion dans une question qui se rattache si intimement à l'intérêt public :

Après avoir entendu le rapport de sa commission et en avoir délibéré ;

Considérant que l'agriculture est l'industrie la plus utile, la plus importante et la plus féconde de toutes celles qui s'exercent en France ;

La plus utile, puisqu'elle pourvoit aux besoins de l'alimentation publique, qui occupe le premier rang parmi les nécessités auxquelles il importe de donner une satisfaction complète et permanente ;

La plus importante, puisqu'elle met en valeur le capital territorial de la France, qui représente incontestablement la partie la plus considérable de la richesse nationale ;

La plus féconde, puisque ses productions servent en général de base à la plupart de nos industries manufacturières ;

Considérant que, si la culture des céréales est la plus étendue, elle est aussi la plus indispensable de toutes celles auxquelles se livre l'industrie agricole, parce que la production des céréales, lorsqu'elle parvient à suffire à la consommation, est la garantie la plus solide et la plus efficace du maintien de la tranquillité publique, du prix moyen et modéré des subsistances, de l'aisance générale, de la modération des salaires, etc., etc., et qu'à ces divers titres elle doit être l'objet d'une protection toute spéciale ;

Considérant qu'en se reportant aux documents les plus anciens de notre législation on trouve des dispositions par lesquelles les rois ont réglementé le commerce des céréales au point de vue de la conservation des blés, dans les années de disette, et que jusqu'en ces derniers temps notre législation moderne a admis des mesures gouvernementales ayant pour but de prohiber l'exportation des grains dans certaines conditions déterminées ;

Considérant que, si les anciennes prohibitions avaient surtout pour objet la conservation des blés dans l'intérêt de l'alimentation publique, l'intérêt de l'agriculture a dicté à nos législateurs modernes des mesures de protection pour la préserver contre une concurrence ruineuse ;

Considérant que des dispositions ont été établies par tous les gouvernements étrangers et conservées pendant longtemps par la plupart d'entre eux ;

Que les anciennes traditions, comme les dispositions

nouvelles, témoignent d'un sentiment universel et persistant de la nécessité de pourvoir à la conservation des denrées qui font la base principale de l'alimentation publique, et de protéger le producteur de ces denrées contre des entreprises qui pourraient compromettre et tarir la source de la production ;

Considérant que ces mesures ont tout à la fois un caractère politique et un caractère économique ;

Que si le premier n'est pas du domaine de la discussion actuelle, la Société peut du moins le recommander à toute la sollicitude du gouvernement.

Et en ce qui touche le caractère économique, considérant que la donnée fondamentale du système de l'échelle mobile est une pensée de juste prévoyance et de prudente équité ;

Qu'en effet, s'il est utile de favoriser le développement du commerce en général, et de permettre l'exportation de nos produits quand ils trouvent sur les marchés étrangers des prix meilleurs que sur les nôtres ; alors, par exemple, qu'ils sont transportés en Angleterre, où, la production des céréales ne suffisant pas aux besoins de la population, elle doit nécessairement compléter à l'étranger un approvisionnement à des prix qui excèdent les nôtres, il est juste, dans un temps de mauvaises récoltes, d'assurer la conservation de nos blés pour l'approvisionnement intérieur, sans autrement blesser les intérêts du producteur, puisque le droit n'est établi que lorsque le prix de la denrée est assez élevé pour lui offrir un bénéfice assez important.

Qu'en vain prétendrait-on justifier la suppression de toute entrave à l'exportation, en disant que les blés français n'iront pas à l'étranger, quand ils trouveront sur nos marchés des prix élevés et largement rémunérateurs ; car, si cela peut être vrai en temps ordinaire, il pourrait arriver que dans la prévision d'une disette l'étranger qui devrait le plus en souffrir fît rapidement, et à des prix très-avantageux, des achats considérables, et produisît ainsi dans nos ressources un déficit qu'il faudrait combler par des acquisitions faites au loin, dont les arrivages sont lents et soumis à des chances de perte qui ne se compensent pas, et moyennant des prix beaucoup plus élevés que ceux auxquels nos propres denrées auraient été vendues, d'où il résulterait une perte pour le consommateur, sans profit pour le producteur indigène ;

Que si l'on doit respecter la liberté du commerce, une loi plus forte et plus impérieuse exige qu'il soit pourvu à la conservation des approvisionnements, afin de prévenir les souffrances et les malheurs qu'engendre la disette ;

Considérant que, dans les années de grande abondance, le prix du blé s'abaisse souvent à des prix inférieurs aux dépenses de production, et qu'alors même qu'ils permettraient encore un très-léger bénéfice au profit du producteur, il est utile de défendre ce dernier contre une concurrence ruineuse qui pourrait lui être faite par le commerce des blés étrangers ;

Qu'en effet, il est facile de comprendre que, pour

que deux producteurs puissent sauvegarder leurs intérêts respectifs, et conserver leur industrie, il est nécessaire qu'ils abordent les marchés dans des conditions
approximativement égales, car, s'il en était autrement,
toute concurrence deviendrait impossible, et la ruine
de l'un d'eux serait inévitable.

Or la production en France est soumise à des
charges considérables ; il faut en effet compter dans
les frais qu'elle exige notamment :

1° L'intérêt du capital engagé dans l'acquisition de
la terre, ou le prix du fermage ;

2° L'intérêt et l'amortissement du prix d'un matériel
considérable, d'un cheptel nombreux et insuffisant
pour la formation des engrais ;

3° L'acquisition des engrais supplémentaires ;

4° Le prix de la main-d'œuvre, qui s'accroît et
s'élève chaque jour davantage ;

5° L'alimentation de la famille ;

6° Les impôts de toute nature ;

7° Les pertes résultant des épidémies, des incendies,
de l'inondation, de la grêle, etc., etc. ; tandis que dans
certaines contrées desquelles nous proviennent les blés
étrangers, le capital foncier n'a qu'une valeur très-peu
importante, les frais de culture sont presque nuls, de
sorte que le prix de revient, augmenté des frais de
transport, permet encore au commerce de produire
ces denrées sur nos marchés à des prix inférieurs à
ceux qui mettent nos producteurs en perte ;

Considérant que la conséquence inévitable de cette

situation serait de faire abandonner une culture ruineuse, et que dès lors nous verrions la production du blé en France s'abaisser au-dessous des besoins de la consommation, ce qui nous rendrait tributaires de l'étranger ;

Qu'il n'est pas possible d'apercevoir les avantages extrinsèques qui pourraient résulter du système de la libre introduction des grains, car il n'est pas admissible de penser que cette liberté serait un stimulant destiné à accroître la production, puisque cet accroissement ne pourrait être le résultat que d'une fécondation plus puissante de la terre ; que cette fécondation ne peut s'obtenir que par des engrais fort coûteux, ou une main-d'œuvre plus active, ce qui accroîtrait encore la dépense de culture et ferait élever le chiffre des pertes du producteur ; que d'ailleurs l'état de l'exploitation en France ne permet pas à nos cultivateurs, pour la plupart colons partiaires ou petits fermiers, dépourvus de fortune et de crédit, n'ayant qu'une jouissance précaire et trop limitée des terres qu'ils travaillent, de faire les avances ou les dépenses considérables qu'il serait nécessaire de réaliser ;

Que, d'un autre côté, l'abandon de la culture des blés devant conduire à la nécessité d'y substituer d'autres cultures, la transformation deviendrait difficile à plus d'un titre. Il n'est pas, en effet, toujours possible d'obtenir soit des herbages, ou des prairies artificielles, ou des plantes oléagineuses, ou des racines, etc., dans les terres destinées à la production du blé. Que si la culture des céréales exige des engrais abondants, les autres cultures n'en exigent pas moins, et qu'il n'y aurait aucun profit à changer la nature des assolements ;

Considérant qu'il ne peut rester aucun doute dans les esprits sur la certitude de l'abandon de la culture des céréales, dans le cas où la libre introduction des blés étrangers ferait à nos agriculteurs une concurrence ruineuse; qu'en effet l'expérience confirme les données du simple bon sens. Ainsi le système de l'échelle mobile a existé en Angleterre jusqu'en 1843, il y entrait alors 1,433,000 quarters de blés étrangers; en 1857, il en est entré 9,000,000 de quarters, ce qui représente un capital de 500 millions. Cet accroissement d'importation démontre évidemment une diminution dans la production, qui a dû se restreindre dans les meilleures terres, dont la qualité abaisse les frais de culture ;

Considérant qu'on ne peut raisonnablement se faire un argument de la comparaison de l'état ancien du commerce des céréales en France, alors que des prohibitions de transport de province à province entravaient les approvisionnements, avec l'état actuel qui permet une libre circulation sur tout le territoire de l'empire, et qui profite également au producteur, au consommateur et au commerçant;

Qu'en effet partout en France les frais de production sont à peu près les mêmes, et que la concurrence qui peut s'établir place les producteurs et les commerçants dans des conditions qui sont approximativement en équilibre. Or le système de l'échelle mobile n'a pour objet que de maintenir cet équilibre entre les producteurs étrangers et les nôtres, dans des limites essentiellement équitables. Que d'ailleurs on ne peut comparer ces deux époques si dissemblables, alors que les conditions de la première ont été si profondément modifiées par l'amélioration des voies de communication, par le perfectionnement des moyens de transport, par les progrès qui se sont introduits dans la culture elle-même;

Considérant qu'on ne peut plus se prévaloir de l'exemple de l'Angleterre, qui, après avoir appliqué le système de l'échelle mobile pendant longues années, y a tout à coup renoncé pour admettre la libre entrée des blés étrangers;

Qu'en effet, s'il est utile et juste d'établir un droit protecteur qui profite à la production, il ne faut pas oublier que la production est destinée au consommateur, qui a droit aussi à la protection de l'autorité publique; que la motion de sir Robert Peel avait pour but de produire l'abaissement du prix des denrées alimentaires, abaissement qui était une nécessité de premier ordre dans un pays industriel et commerçant dans lequel la protection enrichissait les grands propriétaires, qui étaient exclusivement les producteurs de blés, tandis que la masse de la population payait le pain à un prix beaucoup plus élevé que dans les autres nations de l'Europe;

Qu'en effet le prix de l'hectolitre de froment a suivi de 1800 à 1846 les variations suivantes :

	En Angleterre.	En France.
1800.	48 90	— 20 54
1810.	44 47	— 19 61
1820.	29 17	— 19 15
1830.	27 63	— 22 59
1840.	28 52	— 20 84
1846.	23 54	— 24 01

Ainsi le prix moyen était :

Avant la réforme, de. . . 55 73 — 20 46

Après la réforme, de. . . 23 54 — 24 05

D'où il résulte que la libre introduction des blés a
eu pour effet d'abaisser le prix exorbitant auquel se
vendait une denrée de première nécessité, puisqu'elle
se vendait 48 fr. 90 c. en Angleterre, tandis qu'en
France elle ne valait que 20 fr. 54 c.; et qu'elle n'a fait
que corriger un abus qui dépassait toutes les limites
d'une protection équitable. Le régime existant alors
était un moyen de réaliser des bénéfices considérables,
tandis que l'échelle mobile bien entendue n'a pour objet
que de prémunir la production contre des pertes in-
justes, tout en assurant au consommateur des prix
moyens et modérés des denrées alimentaires ;

Considérant qu'il n'y a point à juger le système de
l'échelle mobile pour les résultats des dernières années,
pendant lesquelles son action a été suspendue ; qu'en
effet il n'est entré dans la pensée de personne qu'elle
fût un moyen de maintenir le prix des blés à un prix
qui serait presque toujours le même ; qu'en parlant de

prix moyens et modérés on exprime une idée relative ; que l'échelle mobile ne peut corriger ni la disette ni les accidents qui peuvent influer sur le prix des approvisionnements, mais qu'elle apporte son action protectrice pour conserver des réserves utiles et précieuses contre des crises redoutables, et qu'elle sauvegarde des intérêts qui, par leur permanence et leur prospérité, sont les gages les plus sûrs et les plus solides de la paix publique et de la richesse territoriale ;

Considérant qu'il ne serait ni logique ni profitable de substituer à l'échelle mobile un droit fixe et permanent ;

Qu'en effet, puisqu'il s'agit de coordonner les intérêts du consommateur avec ceux du producteur, il est indispensable de tenir compte des variations qui peuvent se produire dans le prix très-mobile des céréales, et que le droit fixe, qui paraîtrait le plus souvent n'avoir qu'un caractère fiscal, serait ou trop élevé ou insuffisant pour donner une juste satisfaction aux intérêts qui se trouvent en présence ;

Considérant toutefois que le commerce, qui achète au loin ses blés pour les introduire en France, a besoin d'être assuré contre des variations trop brusques et compromettantes pour des expéditions partant d'Odessa, de Dantzig ou de New-York ; qu'il importe de fixer des époques entre lesquelles il puisse se mouvoir sans surprise et sans mécompte, il y aurait lieu de lui donner à ce sujet des satisfactions complètes et permanentes.

Par ces considérations la Société d'agriculture et de commerce de Caen exprime l'opinion qu'il y a lieu de conserver en principe le système de l'échelle mobile, sauf à le modifier dans des conditions qui puissent sauvegarder les intérêts de la production du commerce et de la consommation.

Délibéré en séance, les 18 mars et 15 avril 1859,

Pour copie conforme :

Le secrétaire,

Isidore Pierre.

COMICE AGRICOLE DE FLOGNY

(YONNE.)

EXTRAIT DU PROCÉS-VERBAL DE LA SÉANCE

DU 20 MARS 1859.

Plusieurs membres du Comice l'entretiennent de l'état fâcheux dans lequel se trouve l'agriculture dans le canton, par suite du décret impérial qui a prorogé l'importation en franchise des grains étrangers. Une discussion assez prolongée a lieu à ce sujet, et le Comice, à l'unanimité des membres présents, émet le vœu suivant :

En présence du bas prix des grains, de la cherté de la main-d'œuvre occasionnée par l'émigration des jeunes gens qui va toujours croissant, et cherche dans l'industrie une condition meilleure que celle que procurent les travaux de l'agriculture, il devient urgent que le gouvernement, éclairé par les plaintes qui surgissent de tous les points de l'empire, rétablisse d'une manière durable la loi protectrice de l'échelle mobile dans ses dispositions principales;

Et, dans le cas où l'expérience aurait démontré que cette loi est susceptible d'amélioration, qu'une mesure législative suffisamment protectrice rassure l'agriculture contre l'importation des grains étrangers, par l'établissement de droits de douane, variable suivant le cours des grains.

Pour copie conforme,

Le vice-président du Comice,

Le vicomte de Maleissy

Vu et approuvé,

Le président malade, à Paris,
le 25 *mars* 1859,

Le marquis Anjorrans.

COMICE AGRICOLE DE SAINT-DIER.

DÉLIBÉRATION.

Le Comice agricole de Saint-Dier (Puy-de-Dôme),

Considérant que le bas prix des bestiaux a été, par suite de la sécheresse de l'année dernière, une cause de souffrance pour les cultivateurs de nos montagnes ;

Considérant que cette souffrance vient s'aggraver chaque jour par l'avilissement constant du prix des céréales, seule ressource qui restât aux agriculteurs ;

Considérant en outre que le malaise de l'agriculture augmente chaque jour le nombre, déjà si grand dans nos campagnes, qui vont demander ailleurs, à une industrie plus rémunératrice, le prix de leurs travaux ;

Considérant que cette émigration devient une véritable plaie pour l'agriculture dans nos régions, et que la suspension de toute législation et l'instabilité même de cette suspension ont contribué à la situation actuelle et l'aggravent ;

Considérant que toute protection ne peut être que variable, comme le sont les approvisionnements des marchés des céréales et les causes de ces approvisionnements ;

Émet le vœu qu'une loi stable et permanente régisse le commerce des céréales et qu'un tarif de droits variables et sagement protecteurs vienne atténuer, dans l'intérêt soit du producteur, soit du consommateur, les fluctuations exagérées du prix des céréales.

Saint-Dier, le 16 avril 1859.

Le président du Comice.

Comte HENRI DE KERSAINT, député.

Le vice-président,

    DE GUEVILLER.

Le secrétaire,

TÉVILLIER.

SOCIÉTÉ D'AGRICULTURE PRATIQUE

DES

CANTONS DE BOURGOIN, CRÉMIEUX ET MORESTEL

(ISÈRE.)

DÉLIBÉRATION.

La Société d'agriculture pratique de Bourgoin, Crémieux et Morestel, s'est réunie cejourd'hui, 13 avril 1859, à deux heures du soir, dans le lieu ordinaire de ses séances.

Après l'ouverture de la séance, le président a soumis à l'assemblée la question à l'ordre du jour, qui a pour objet l'avilissement du prix des céréales, production principale et dominante de l'agriculture des trois cantons nord-ouest de l'arrondissement de la Tour-du-Pin.

Plusieurs membres de la réunion ont successivement pris la parole pour émettre leur manière d'envisager cette grave et importante question qui préoccupe à un si haut degré les cultivateurs de la contrée, essentiellement productrice de céréales.

Après une discussion approfondie, et après avoir pris connaissance d'un grand nombre de documents propres à l'éclairer, l'assemblée :

Considérant que l'agriculture française, eu égard

aux conditions fort onéreuses qu'elle est obligée de subir, pour la production des céréales, ne peut se passer de protection contre l'introduction des blés étrangers, produits avec des frais infiniment moindres; et que cette protection, pour être efficace, doit être changeante et mobile, suivant les changements de prix qu'éprouve la matière protégée; qu'elle est au moins aussi nécessaire à l'agriculture que celle qui, depuis longtemps est accordée aux producteurs de sucre, de fer, de laine, etc.;

Considérant que la loi de juillet 1832, modifiée dans ses parties reconnues défectueuses par une expérience de seize à dix-sept ans, serait un bon point de départ pour la confection d'une nouvelle loi, qui pourrait concilier les intérêts de la production avec ceux de la consommation, et maintiendrait l'équilibre, qui est l'objet des vœux de toutes les parties intéressées dans la question des céréales;

Considérant que la liberté du commerce des grains serait ruineuse pour l'agriculture française; et pourrait avoir des effets funestes pour l'alimentation publique, en amenant forcément une énorme réduction dans l'emblave des céréales;

Considérant que généralement le prix de 22 francs l'hectolitre est regardé comme le taux à peu près rémunérateur des froments dans nos contrées; et qu'au-dessous de ce chiffre, le droit d'importation devrait être d'autant plus élevé que le prix des blés serait plus abaissé; et d'autant moins élevé que le prix de 22 fr. serait plus dépassé;

Émet unanimement les vœux suivants :

1° Le maintien du principe de l'échelle mobile, en modifiant la loi de 1832, dans les parties qu'une expérience de dix-sept ans a fait reconnaître défectueuses;

2° L'adoption d'un tarif de droits d'importation qui seraient gradués de manière à ne nuire à aucun des grands intérêts qu'il s'agit de protéger et de concilier;

3° La faculté illimitée de l'exportation, sauf les cas de nécessité absolue, etc.

Pour copie conforme,

Le président,

DE LABATIE.

COMICE AGRICOLE DE REIMS.

DÉLIBÉRATION.

Le Comice de l'arrondissement de Reims, réuni en assemblée générale :

Considérant que les souffrances de l'agriculture rendent manifeste pour tous la nécessité d'assurer à l'industrie agricole les bienfaits du système de protection dont jouissent, en France, toutes les autres industries; que le système de l'échelle mobile, outre que ses avantages pour le producteur sont attestés par l'expérience, se recommande aussi par les garanties qu'il offre au consommateur; que le droit fixe, en projet, n'aurait guère de fixe que le nom, l'humanité et la politique exigeant, dans des circonstances dont le retour n'est que trop fréquent, que l'importation des denrées alimentaires soit débarrassée de toute entrave et même favorisée,

Émet le vœu que le principe de la protection soit reconnu et inscrit dans la nouvelle loi sur les céréales, sous la forme éprouvée d'une échelle mobile.

SOCIÉTE ACADEMIQUE DE NANTES.

DÉLIBÉRATION.

Laissant de côté la question théorique du libre échange et envisageant la question des céréales au point de vue de la région, dont Nantes est le centre commercial, la section d'agriculture de la Société académique a conclu :

1° A la liberté d'exportation au droit de balance de un centime par quintal métrique soit de grains soit de farine ;

2° A un droit fixe de 1 fr. 50 cent. par quintal métrique de froment à l'importation, en déclarant que c'était uniquement par condescendance pour le Midi et pour éviter le régime des zones dont l'expérience du tarif des houilles avait démontré ici les inconvénients, parce que le pays pouvait affronter la liberté de l'importation à un simple droit de balance près.

Comte O. DE SESMAISONS.

SOCIÉTÉ CENTRALE D'AGRICULTURE DE PARIS.

DÉLIBÉRATION.

Considérant que la Société d'Agriculture n'est pas appelée à formuler des dispositions législatives;

Considérant qu'elle ne possède pas les documents officiels, indispensables pour établir les chiffres d'une loi nouvelle;

Considérant qu'il est du devoir de la Société d'émettre un avis sur une question qui intéresse si profondément l'avenir de l'agriculture nationale;

Se renfermant dans ce qu'elle croit être sa véritab'e mission,

La Société d'Agriculture est d'avis :

Qu'un droit fixe soit établi à l'entrée comme à la sortie du froment.

Le président de la Société impériale
et centrale d'Agriculture,

A. PASSY.

Paris, le 27 avril 1859.

COMICE AGRICOLE DE PERROS.

DÉLIBÉRATION.

Considérant qu'une législation *permanente* réglant le commerce des grains est indispensable à la sécurité des agriculteurs et des commerçants dans leurs opérations respectives;

Considérant que l'agriculture française souffre, et que bras et capitaux tendent à l'abandonner faute de prix suffisamment rémunérateurs;

Que pour ces raisons elle ne peut lutter pour le prix de revient des blés avec des nations placées sous ce rapport dans des conditions beaucoup plus favorables, soit par des améliorations agricoles faites de longue date, soit par un prix de main-d'œuvre et des impôts comparativement presque nuls;

Que d'ailleurs, le libre échange des céréales fût-il

établi, il serait impossible de maintenir la liberté d'exporter dans les moments de disette, en présence des réclamations des populations, et qu'ainsi l'agriculteur, après avoir souffert du libre échange dans les circonstances ordinaires ne pourrait plus s'en prévaloir lorsque cette liberté lui deviendrait avantageuse;

Considérant que, l'agriculture étant la première des industries et la plus importante à la prospérité d'une nation, il est du devoir du législateur de l'encourager et de la protéger de la manière la plus efficace;

Considérant que cette protection serait illusoire si elle consistait dans l'établissement d'un droit fixe, nécessairement trop faible lors de l'avilissement des prix, trop fort en temps de cherté, impolitique et impossible en temps de famine;

Considérant que, pour ce qui regarde l'*importation*, le système de l'*échelle mobile*, sanctionné d'ailleurs par l'expérience, concilie dans une juste mesure les intérêts du producteur avec ceux du consommateur et demande seulement quelques améliorations de détail;

Considérant que pour l'*exportation* il n'est qu'un seul cas, celui de la disette, où la législation doive arrêter ou restreindre le producteur agricole dans la libre exportation de ses produits; que dans ce cas l'échelle mobile a dû plus d'une fois être suspendue, mais que, sauf cette hypothèse, la législation, loin de gêner par des droits fiscaux l'agriculture dans la libre et plus profitable disposition de ses denrées, doit au contraire l'y favoriser de tout son pouvoir,

Le Comice agricole de Perros émet le vœu :

Que le commerce des céréales soit de nouveau régi par une législation stable et permanente, fondée sur les principes suivants :

1° *Rétablissement à l'importation du droit protecteur variable*, sauf les modifications de détail à apporter dans la réglementation de l'échelle mobile;

2° *Exportation libre et exonérée de tous droits de sortie*, tant que le prix du blé ne dépassera pas un taux déterminé d'après la convenance d'approvisionnement de la France, et au-dessus duquel l'exportation, indiquant des besoins généraux supérieurs aux denrées produites, constituerait pour le pays un danger de disette.

Le président du Comice agricole de Perros,

PAUL DE CHAMPAGNY.

15 avril 1859.

SOCIÉTÉ D'AGRICULTURE DE BOULOGNE-SUR-MER.

DÉLIBÉRATION.

La Société reconnaît :

1° Que l'échelle mobile n'a jamais empêché l'avilissement ni l'exagération des prix;

2° Que, lorsque les prix ont dépassé une certaine limite, le gouvernement a toujours cru devoir, dans l'intérêt du consommateur, suspendre l'application du système de l'échelle mobile, et qu'il n'y a pas de motif pour croire qu'il n'en sera pas toujours de même;

3° Qu'il y a lieu, par conséquent, de renoncer à un système qui n'a jamais satisfait ni les intérêts agricoles, ni ceux du consommateur quand il a été appliqué, et dont l'application a presque toujours été suspendue lorsque l'agriculture devait en profiter;

4° Que des droits fixes et invariables, tant à l'importation qu'à l'exportation, peuvent seuls offrir la sécurité nécessaire aux opérations agricoles et commerciales;

5° Que le système de l'échelle mobile doit être remplacé par des droits fixes de 2 fr. par 100 kilog. de blé importé et de 0 fr. 25 par 100 kilog. exportés.

Le président de la Société d'Agriculture
de Boulogne-sur-Mer,

ADAM.

SOCIÉTÉ D'AGRICULTURE DE L'HÉRAULT.

DÉLIBÉRATION.

La Société d'Agriculture du département de l'Hérault,

Considérant

Que la libre importation des blés en France a toujours été permise sous l'ancienne législation; que l'exportation seule était ou prohibée ou entravée par des droits;

Que lorsque le gouvernement français a cru devoir céder aux vœux de la grande propriété en frappant de droits l'importation des céréales, il les a établis variables, tant à l'importation qu'à l'exportation, dans l'espérance qu'au moyen de leur combinaison, connue sous le nom d'*échelle mobile*, il pourrait maintenir sur notre marché des prix moyens et éviter des prix extrêmes;

Qu'une expérience de quarante années a prouvé que l'échelle mobile n'avait produit aucun des résultats que le gouvernement en attendait, puisqu'on a vu en France, sous cette législation, les grains à des prix très-bas et à des prix excessivement élevés, et qu'elle n'a qu'entravé le commerce ordinaire et favorisé les spéculateurs;

Considérant que l'agriculture française n'a pu profiter des prétendus bienfaits de l'échelle mobile, puisque tous les gouvernements ont dû en suspendre le jeu au moment où le détenteur de céréales allait recevoir des prix élevés qui auraient dû, d'après la combinaison de la législation, compenser le préjudice que lui avait causé les bas prix, et que le propriétaire n'a pu jamais obtenir, par cela même, ce prix moyen que la loi avait eu la prétention de lui assurer;

Que des dispositions législatives qui permettraient de transporter à très-peu de frais les céréales, le vin, la viande et les autres denrées de première nécessité, exerceraient une influence bien autrement puissante que l'échelle mobile sur la prospérité de l'agriculture, tout en améliorant la situation des classes laborieuses et en sollicitant les nombreuses populations qui se nourrissent encore de pain d'orge, d'avoine et de sarrasin, à consommer du blé;

Que sous le régime actuel, qui suspend l'effet de la loi de l'échelle mobile, et laisse entrer librement les grains étrangers, le prix du blé est plus élevé dans les départements situés sur les bords de la Méditerranée et possédant les ports par lesquels sont importées les céréales étrangères, que dans les départements de l'intérieur, où ces céréales n'arrivent qu'après avoir payé des frais de transport considérables : état de choses qui démontre combien sont exagérées les craintes qui ont été manifestées au sujet de la concurrence que les grains étrangers peuvent faire aux produits de notre sol;

Que, si la loi de l'échelle mobile a été impuissante à accroître en temps utile la masse de nos céréales, à permettre de les produire moins chèrement, et à diminuer les variations excessives qui se manifestent dans leur prix, il est au contraire démontré par l'expérience des six dernières années, pendant lesquelles les blés étrangers sont entrés librement en France, qu'on atteint bien plus sûrement ces divers résultats, d'une part, en perfectionnant l'agriculture; d'autre part, en laissant au commerce la liberté de ses mouvements;

Par ces motifs, la Société émet le vœu déjà exprimé dans sa délibération du 3 avril 1847,

Que l'échelle mobile soit supprimée;

Que l'importation et l'exportation du blé restent constamment libres, et, dans le cas où le gouvernement voudrait frapper l'importation d'un droit, que ce droit soit fixe, et ne soit pas au-dessus de 1 fr. par hectolitre.

H. Marès.

CONGRÈS DES DÉLÉGUÉS DES SOCIÉTÉS SAVANTES.

VOTES DU CONGRÈS SUR LA QUESTION DES CÉRÉALES :

1° La culture des céréales a en France un besoin indispensable de protection ;

2° La protection doit consister en un droit variable, suivant les cours ;

3° Le droit doit varier mensuellement ;

4° La loi de l'échelle mobile doit être revisée en ce qui concerne les zones.

10 mai 1859.

La présente publication s'arrête au moment où le décret qui rétablit l'échelle mobile vient clore la discussion sur la question des céréales. Ce volume en restera l'écho fidèle et impartial. Il contient soixante-dix-sept délibérations de comices agricoles, sociétés d'agriculture, ou chambres consultatives, émanant de quarante-six départements. Les causes qui ont empêché une émission plus complète des vœux des comices et sociétés d'agriculture sont connues de tous ceux qui se sont occupés de la question.

Sur ces soixante-dix-sept délibérations, cinquante-neuf réclament la protection par le droit variable, huit l'application du droit fixe, trois la liberté absolue du commerce, sept enfin exposent les souffrances de l'agriculture, sans se prononcer sur la question de la protection douanière.

TABLE PAR DÉPARTEMENTS

COTES-DU-NORD.

DORDOGNE.

DOUBS.

FINISTÈRE.

HAUTE-GARONNE.

GERS.

HÉRAULT.

INDRE-ET-LOIRE.

ISÈRE.

JURA.

LOIR-ET-CHER.

LOIRE.

HAUTE-LOIRE.

LOIRET.

LOIRE-INFÉRIEURE.

MAINE-ET-LOIRE.

MARNE.

HAUTE-MARNE.

MAYENNE.

MEURTHE.

MEUSE.

NORD.

ORNE.

PAS-DE-CALAIS.

PUY-DE-DOME.

SAONE-ET-LOIRE.

HAUTE-SAONE.

SEINE.

SEINE-INFÉRIEURE.

SEINE-ET-MARNE.

SEINE-ET-OISE.

SOMME.

TARN.

VENDÉE.

VOSGES.

YONNE.

FIN DE LA TABLE.